U0297167

园林植物造景

尹金华　主　编

汪华清　副主编

邹朝弘　张惠贻　袁韵珏　参　编

中国轻工业出版社

图书在版编目（CIP）数据

园林植物造景 / 尹金华主编. —北京：中国轻工
业出版社，2020.12

ISBN 978-7-5184-3139-7

Ⅰ.①园… Ⅱ.①尹… Ⅲ.①园林植物－园林设计
Ⅳ.①TU986.2

中国版本图书馆CIP数据核字（2020）第151111号

责任编辑：陈　萍　　责任终审：劳国强　　整体设计：锋尚设计
策划编辑：陈　萍　　责任校对：朱燕春　　责任监印：张　可

出版发行：中国轻工业出版社（北京东长安街6号，邮编：100740）

印　　刷：艺堂印刷（天津）有限公司

经　　销：各地新华书店

版　　次：2020年12月第1版第1次印刷

开　　本：787×1092　1/16　印张：13.5

字　　数：310千字

书　　号：ISBN 978-7-5184-3139-7　定价：59.80元

邮购电话：010-65241695

发行电话：010-85119835　传真：85113293

网　　址：http://www.chlip.com.cn

Email：club@chlip.com.cn

如发现图书残缺请与我社邮购联系调换

200124J2X101ZBW

前言

  "园林植物造景"是20世纪90年代后开设的课程，因其具有较强的实用性，目前在高校园林专业中已成为核心课程之一。以植物造景为主的现代园林设计是世界园林发展的新趋势。随着城市的发展，园林植物的种类和搭配形式日新月异，需要新理论、新技术的引进或更新。本教材属于校企"双元"合作，由高职院校骨干教师联合园林上市公司总工程师及核心技术人员团队共同编写，理论与实践结合，内容与时俱进。

  结合我国目前职业教育中的实际情况和园林行业对岗位能力的要求，本教材本着科学性、先进性、针对性、实用性和可操作性原则，突出专业技能的培养，融"教、学、做"为一体，充分体现任务驱动、实践导向课程思想。本教材将课程的教学活动分解成四个模块，由基础到进阶，再到专项设计，逐步提升。每个模块分成若干任务，以知识、技能与素质要求为驱动，以操作技能为核心，布置任务，辅助专业知识学习，然后完成相应任务，课后通过练习或设计巩固所学知识。学生在学习与实践中扎实掌握专业知识与动手设计能力，立德树人，全面提升综合职业能力。

  本教材具有以下特点：

  1. 充分体现项目任务驱动、实践导向的设计理念。将课程涉及工作岗位职业活动分解成工作项目，以任务驱动和实践项目为载体，引入必要的理论知识，加强操作训练，理论与实践较好地结合。

  2. 遵循理论知识"实用、够用、能用"的原则。尽量减少理论的空洞性，让理论知识为后面的实践操作服务。

  3. 图文并茂，直观形象。汇集众多精美实用图片，使理论知识形象生动，减轻了学习的枯燥，更好地调动学生的学习兴趣。

  4. 案例典型具体。引入上市公司真实案例，让学习内容更加具体、真实。

  本教材编写过程中参考了有关著作、实例和图片，在此向相关作者表示真诚的感谢！

  园林植物造景艺术性强，艺术设计本身有法而无式，由于植物分布与生长受地域影响较大，植物的品种选择与配置效果在不同地区可能有较大差别，导致景观效果有所不同，故不同地方的人员在学习参考时要加以注意。另外，由于编者水平有限，书中难免有疏漏与不足之处，恳请广大读者批评指正。

尹金华

2020年7月

目录

模块四

三类小型景观的植物造景设计

模块一

园林植物造景的审美设计与空间布局

任务一   园林植物造景的认知与发展趋势分析   _ □ ×

🗐 知识要求

1. 理解并掌握园林植物造景的概念。
2. 理解并掌握园林植物的生态、景观、经济等功能的内涵。
3. 列举我国园林植物资源情况及对世界园林的贡献。
4. 解析我国园林发展的现状、现代园林植物造景趋势。

🗛 技能要求

1. 能正确应用园林植物平面表示技法绘制设计图。
2. 能根据给出的园林绿地现有信息进行生态和景观分析。

🗄 能力与素养要求

1. 养成制订学习计划的习惯。
2. 具备认真分析问题和勤于思考的态度。
3. 具有爱护环境与保护生态的意识。

🖉 工作任务

植物功能实地考察。选择校园绿地进行植物功能实地考察，用相机记录植物生态、景观功能在实际生活中的体现。

🔍 任务分析

先对植物的功能有整体的了解，体会植物在日常生活中的生态作用，如温度的调节、对噪声的改善、水体的保护等；掌握植物景观的美学特点，如观赏特性、植物组合的艺术美；植物的空间特点等的认识。能利用照片或图示进行简单分析。

📖 知识准备

在园林中，植物是四大造园要素之一。

英国造园家B. Clauston提出："园林设计归根结底是植物材料的设计，其目的就是改善人类的生态环境，其他的内容只能在一个有事物的环境中发挥作用。"

相对于其他园林设计要素而言，植物可以营造具有生命的绿色环境，它的季相及生长过程可为环境带来丰富的时序变化，植物的生长对环境有良好的改善作用。随着人类社会的发展以及对环境越来越重视，植物在生态环境领域发挥不可或缺的作用。

一、园林植物造景的概念

植物造景是指运用乔木、灌木、藤本、草本及地被等植物材料，通过各种艺术手法，综合考虑各种生态因子的作用，充分发挥植物的形态、色彩等方面的美感，创造出与周围环境相适宜、相协调，并表达一定意境或具有一定功能的艺术空间。

植物造景、植物配置、植物种植设计概念的比较：

（1）植物造景。以植物为主的景观打造。

（2）植物配置。侧重于植物与其他造园要素的搭配。植物的配置包括两个方面：一是植物之间的配置，包括种类的选择、树丛的组合、平面与立面的构图、色彩、季相及意境的创造等。二是植物与其他园林要素的配置，包括植物与山石、水体、建筑和道路等的配置。

（3）植物种植设计。侧重于工程，指营造、创建植物种植类型的过程和方法。

二、园林植物造景的功能

（一）生态功能

植物具有光合作用的能力，能维持空气中二氧化碳和氧气含量的平衡，还能降低噪声，通过其发达的根系能有效减少地表的水土流失。植物可以改善小环境，营造宜人的气候，具有防风、庇荫、分泌杀菌素净化空气等基本功能。

1. 维持二氧化碳和氧气的平衡

绿色植物进行光合作用时，吸收大量二氧化碳，释放氧气，是氧气的天然加工厂，对维持城市环境中二氧化碳和氧气的平衡起着重要的作用。

2. 调节空气温度和湿度

当太阳光辐射到树冠时，一部分热量被树木浓密的树冠反射回天空，加上树木蒸腾作用所消耗的热量，树木可有效地降低地表空气温度。据测定，有树荫的地方比没有树荫的地方温度一般要低3~5℃。植物在增加空气湿度方面也有显著的作用。

3. 杀菌抑菌

空气中通常含有很多致病细菌。有研究表明，闹市区的空气中细菌含量通常是公园绿地中的8倍以上。公园绿地中细菌量少的原因之一就是很多植物能够分泌挥发性的植物杀菌素，从而杀死空气中的细菌，如樟树、松柏类等。尤其是松柏类的针叶树种，不仅可以挥发出可杀死白喉、肺结核、痢疾等病原体的杀菌素，还能够释放大量的负氧离子，对肺结核病人和患有呼吸系统疾病的人有良好的治疗和保健作用。

4. 吸收有毒气体

在我们居住的城市环境中，尤其是工厂矿山所在的地区，空气中的污染物有很多，主要为二氧化硫、酸雾、氯气、氟化氢、苯、酚、氨、铅汞蒸气等。许多植物对它们具有一定的吸收能力和净化作用。如刺槐、构树、合欢、紫荆等具有较强的吸氯能力；女贞、泡桐、刺槐、大叶黄杨等具有较强的吸氟能力；大叶黄杨、女贞、悬铃木、石榴等可在铅、汞等重金属存在的环境中正常生长，起到一定的降解作用。

5. 吸滞尘埃

空气中大量的尘埃危害人们的身体健康，还对一些精密仪器的产品质量造成影响。而树木的枝叶茂密，使大量随风漂浮的尘埃下降；不少植物的躯干、枝叶外表粗糙，在小枝、叶片处生长着绒毛，叶缘锯齿和叶脉凹凸处分泌的黏液，都能对空气中的小尘埃起到很好的黏附作用。树木的滞尘能力与树冠高低、总叶面积、叶片大小、表面的粗糙程度等因素有关。据测定，通常铺设草坪的运动场比裸地运动场上空的灰尘量少65%～83%。

6. 衰减噪声

林木能够通过枝叶的微振作用衰减噪声，衰减噪声的作用大小取决于树种的特性。居住小区、工厂、学校四周以及机场、铁路、高速公路两旁都需要种植林带以衰减噪声。

7. 净化水质

植物能够吸收污水中的硫化物、氨、磷酸盐、有机氯、悬浮物及许多有机化合物，减少污水中的细菌含量，从而起到净化污水的作用。很多水生植物和沼生植物还能够吸附水中的营养物质及其他元素，增加水中的氧气量，抑制有害藻类的大量繁殖，从而有利于水体的生态平衡，对净化城市污水具有明显的作用。

8. 保持水土

植物对保持水土有着非常好的效果。首先，植物通过树冠、树干、枝叶等部位阻截天然降水，缓解天然降水对地表的直接冲击。其次，植物的根系又能紧固土壤，防止水土的冲刷流失。最后，通过与环境的紧密结合，涵养所在地区的水源。

9. 防风、防火、减灾

城市绿地中的树木适当密植，可以起到防风的效果。植物也具有一定的防火和减灾功能。有些植物的枝叶中含有大量水分，一旦发生火灾，可有效地隔离火源，阻止火势继续蔓延。例如，珊瑚树的叶片，即使全部烤焦也不产生火焰。其他防火效果较好的树种有厚皮香、罗汉松、女贞、冬青、枸骨、大叶黄杨等。

（二）景观功能

园林植物不仅可以改善生活环境，还可以供人欣赏，创造优美舒适的环境，为人们提供休息和进行文化娱乐活动的场所。园林植物为人们创造游览和观赏的艺术空间。它在现实生活中，给人以美的享受，是自然风景的再现和空间艺术的展示。

园林植物作为营造园林景观的主要材料，本身具有独特的姿态、色彩和风韵。不同的园林植物形态各异、变化万千。用来孤植可以展示个体之美；又能按照一定的构图方式进行配置，表现植物的群体美；还可根据各自的生态习性，合理安排、巧妙搭配，营造出乔、灌、草结合的自然群落景观。如银杏、毛白杨树干通直，气势轩昂；油松曲虬苍劲，铅笔柏亭亭玉立。秋季变色叶树种如枫香、银杏、重阳木等大片种植可形成"霜叶红于二月花"的景观。许多观果树种如海棠、山楂、石榴等的累累硕果呈现一派丰收的景象。

色彩缤纷的草本花卉更是创造观赏景观的好材料，由于花卉种类繁多，色彩丰富，株体矮小，园林应用十分普遍，形式也是多种多样。既可露地栽植，又能盆栽摆放，组成花坛、花带，也可采用各种形式的种植钵，点缀城市环境，创造赏心悦目的自然景观，烘托喜庆气氛，装点人们的生活。

不同的植物材料具有不同的景观特色。如棕榈、大王椰子、假槟榔等营造热带风光；雪松、悬铃木与大片草坪形成的疏林草地展现欧陆风情；竹径通幽、梅影疏斜则表现我国传统园林的清雅。

（三）建造功能

像建筑物的地面、顶棚、围墙、门窗一样，植物本身就是一个三维实体，是园林景观中组成空间结构的主要成分。在自然环境中，植物同样能成功地发挥它的建造功能。枝繁叶茂的高大乔木可视为单体建筑；各种藤本植物爬满棚架及屋顶，绿篱整形修剪后颇似墙体；平坦整齐的草坪铺展于水平地面。因此，植物也像建筑和山水一样，具有构成空间、分隔空间、引起空间变化的功能。

在植物设计中，首先要研究的因素之一便是植物的建造功能。通常它的建造功能在设计中确定以后，才考虑其观赏特性。植物的建造功能对室外环境的总体分布和室外空间的形成非常重要。造园中运用植物组合来划分空间，形成不同的景区和景点，往往是根据空间大小以及树木的种类、姿态、株数多少、配置方式来组织空间景观。

在地平面上，以不同高度和不同种类的地被植物或矮灌木来暗示空间的边界。在垂直面上，植物能与高低起伏的地形结合，增加空间的变化，也易使人产生新奇感。例如在地势较高处种植高大乔木，可以使地势显得更加高耸；植于凹处，可以使地势趋于平缓。在园林景观营造中，可以应用这种功能巧妙配置植物材料，形成或起伏或平缓的地形景观，与人工地形改造相比，事半功倍。

（四）经济功能

植物一身是宝，生死都能用。有些植物还是食用、药用、生产油料和染料、提供木材或薪炭材的优良原料。有条件的森林公园、风景区或大型的公园可发展一定面积的经济林，从事新优高效的农副、林副产品生产，这是利用其经济价值创造效益的直接体现。在此基础上还可发展观光农业，开辟蔬菜园、瓜果园、竹园、情侣林、友谊林、纪念林等，利用农副、林副产品的生产带动参与型生态娱乐项目的开发，改善生态环境、美化空间环境，同时丰富大众生活，也可以创造收入更高的间接经济效益。

三、我国园林植物资源及其对世界园林的贡献

我国是世界上植物种类较丰富的国家之一，其数量仅次于巴西和印度尼西亚，位居世界第三。仅种子植物就超过25000种，其中乔木和灌木种类约9000种。

我国是园林古国、园林大国，有辉煌的历史，被称为"世界园林之母"，在园林方面为世界做出的贡献举世公认。我国的观赏植物资源在国外园林中也占有重要地位。威尔逊在1929年写的《中国——花园之母》的序言中说："中国确是花园之母，因为我们所有的花园都深深受惠于她所提供的优秀植物，从早春开花的连翘、玉兰，夏季的牡丹、蔷薇，到秋天的菊花，显然都是中国贡献给世界园林的珍贵资源。"

园林中要创造出丰富多彩的植物景观，首先要有丰富的植物材料。一些经济发达的西方国家，本国植物不够用，就派人到国外搜寻植物，大量引入应用。英、法、俄、美、德等国就是在19世纪从中国引种了成千上万的观赏植物，为自己国家的植物造景服务。以英国为例，原产英国的植物种类仅1700种，可是经过几百年的引种，至今在爱丁堡皇家植物园中拥有50000种来自世界各地的植物。回顾历史，可见英国早在1560—1620年已开始从东欧引种植物；1620—1686年去加拿大引种植物；1687—1772年收集南美的乔木、灌木；1772—1820年收集澳大利亚的植物；1820—1900年收集日本的植物；英国植物学家1839—1939年这一百年中就把我国甘肃、陕西、四川、湖北、云南及西藏等地作为重点采集地区，引种了大量的观赏植物，爱丁堡皇家植物园中目前就有中国原产的活植物1500多种，大大丰富了英国植物园的种类。在一些诸如墙园、杜鹃园、蔷薇园、槭树园、花楸园、牡丹芍药园、岩石园等专类园中都起了重要作用。丘园近60种墙园植物中有29种来自中国。在此基础上，西方人以其为亲本，培育出的杂交种、栽培变种数量更是惊人。难怪连英国人自己都承认："在英国的花园中，如果没有美丽的中国植物，那是不可想象的。"中国原产园林植物种类与世界园林植物种类的比较见表1-1-1。

表1-1-1　中国原产园林植物种类与世界园林植物种类的比较

属名	拉丁名	国产数	世界总数	国产百分比 /%
金粟兰	*Chloranthus*	15	15	100
山茶	*Camellia*	195	220	89
丁香	*Syringa*	25	30	83
石楠	*Photinia*	45	55	82
杜鹃	*Rhododendron*	530	900	58.8
蚊母	*Distylium*	42	15	80
槭	*Acer*	150	205	73
蜡瓣花	*Corylopsis*	21	30	70
含笑	*Michelia*	35	50	70
海棠	*Malus*	25	35	63
木樨	*Osmanthus*	22	40	63

续表

属名	拉丁名	国产数	世界总数	国产百分比 /%
绣线菊	*Spiraea*	65	105	62
报春	*Primula*	390	500	78
独花报春	*Omphalogramma*	10	13	77
菊	*Dendranthema*	35	50	70
兰	*Cymbidium*	25	40	63
李	*Prunus*	140	200	70

植物景观的创造仅靠这些自然的植物种类还不尽如人意。因此，园艺学科随之迅速发展起来，尤其是在选种、育种、创造新的栽培变种等方面取得了丰硕的成果，并且随着时代的需要这一门学科也将不断发展。

四、我国园林的发展现状

尽管中国有丰富的植物资源，绝大多数却处于野生状态。目前困扰国内大多数园林工作者的最大问题是可供选择的植物种类相对贫乏。在发达国家，一般的公园里有观赏植物近千种，而一些著名的公园，如英国皇家植物园丘园中的植物有50000余种。而在我国，全国绝大多数的植物园所用的植物种类不超过5000种。目前大多数的园林项目中，园林绿地种植的植物不超过300种，且大多数是从国外引种的园林树种和花卉，本国特有的观赏植物却栽培不多，体现不出我国丰富的植物资源特色。

随着经济的发展以及生态环境的恶化，全社会开始重新重视园林的功能，园林行业得到了突飞猛进的发展。但是在发展过程中，既想继承自己，又想学习他人，拿来主义盛行。结果是自己原有的优点没继承好，别人的也只学了些皮毛，整个园林业存在诸多问题。

当前我国园林存在以下几个误区：

1. 盲目求洋求大

在园林建设上，广场越建越大，设施越来越豪华，数量更是越来越多。在形式上，盲目学习西方的规则式，而我们现在大量采用的规则式园林恰恰是西方正在逐步抛弃的"帝国式"园林，我们正在走着西方曾经走过的弯路。现有园林项目及自然山水如图1-1-1至图1-1-4所示。

图1-1-1 某市公园项目设计方案效果图

图1-1-2 广场附近绿化施工平面截图

图1-1-3　建成后"帝国式"园林的效果

图1-1-4　未施工前的良好自然山水肌理

2. 机械学习我国古典园林

看重园林建筑、假山、雕塑、喷泉和广场的铺装，而轻视了植物的作用，更有甚者机械照搬中国传统古典写意山水园林模样，以山水做园林骨架，挖湖堆山，营造亭、台、楼、阁，却将植物看作毛发，胡乱搭配。结果是既破坏了自然之美，也弱化了生态功能的要求，如图1-1-5和图1-1-6所示。

图1-1-5　平地起假山及背后稀稀拉拉的植物群落（航拍）

图1-1-6　不利于养护的高树池

3. 过分追求形式，弱化了功能要求

片面追求形式美，过分强调视觉审美效果，大量采用几何模纹，选用低矮灌木和草坪，弱化了园林应有的生态功能，压缩了人们的活动空间，如图1-1-7和图1-1-8所示。

图1-1-7　拒绝人进入的几何模纹

图1-1-8　缺乏美感的模纹

4. 植物多样性严重不足

追求生态功能是现代园林的重要内涵之一，而只有植物的多样性才能形成植物群落的稳定性，这也是生态学的一条基本原理，但是我们目前所使用的园林植物品种过于单一，是存在的又一重要问题。"花园之母买花种"，一些外国学者曾在他们的著作中提出疑问：为何中国人不将自己如此丰富的植物资源应用于园林？这样的行为真令人迷惑不解。

5. 缺乏个性和文化内涵

每个国家、每个地方都有自己的历史和文化。园林建设应体现自己的历史、文化以及地域特征，形成鲜明的个性。但是我国近些年所建设的工程，给人千城一面、千园一孔的感觉。盲目学习、盲目抄袭借鉴，拿来主义之风盛行。先是草坪风，接着几何模纹风，再是疏林草坪风、大树进城风，阵阵风刮过后，形成我国园林千篇一律的问题，如图1-1-9至图1-1-12所示。

6. 植物观赏价值较低

著名的花卉如杜鹃、山茶、丁香、百合、月季等，不但没有加以很好利用，改良与培育新品种力度不够，有的甚至有退化现象。植物新品种的开发力度不够，观赏价值较高的栽培品种少，导致观赏价值低。

图1-1-9　没有特色的滨湖公园

图1-1-10　疏林草地

图1-1-11　"大树进城"（1）

图1-1-12　"大树进城"（2）

五、现代园林植物造景趋势

随着世界人口密度的增加，工业飞速地发展，人类赖以生存的生态环境却日趋恶化，工业所产生的废气、废水、废渣污染环境，酸雨到处发生，危及人类的温室效应造成了反常的气候。只有重视和保护植物，才能拯救自己。为此，当今世界对园林这一概念已不仅是局限在一个公园或风景点中，有些国家从国土规划就开始注重植物景观。现代园林以植物造景为主已成为世界园林发展的新趋势。

（一）运用生态学理论，遵循植物自然规律

植物除了能创造优美舒适的环境，更重要的是能创造适合于人类生存的生态环境。

1. 植物造景应以生态学理论作指导

植物作为具有生命发展空间的群体，是一个可以容纳众多野生生物的重要栖息地，只有将人与自然和谐共生为目标的生态理念运用到植物造景中，设计方案才更具有可持续性。

绿地设计要求以生态学理论为指导，以人与自然共存为目标，达到植物景观在平面上的系统性、空间上的层次性、时间上的相关性。

2. 遵循自然界植物群落的发展规律

植物造景中栽培植物群落的种植设计必须遵循自然界植物群落的发展规律。人工群落中，植物种类、层次结构都必须遵循和模拟自然群落的规律，才能使景观具有观赏性和持久性。

3. 注重对植物环境资源的运用，构建生态保健型植物群落

城市中大量存在的人工植物群落在很大程度上能够改善城市生态环境，提高居民生活质量，同时为野生生物提供适宜的栖息场所。设计师应在熟知植物生理、生态习性的基础上，了解各种植物的保健功能，科学搭配乔木、灌木等植物，构建和谐、有序、稳定的立体植物群落。环保型植物群落的组成物种一般具有较强的抗逆性和对污染物质具有较强的吸收、吸附能力，如女贞、夹竹桃等，群落的规模大，分布面积广。保健型生态园林物种不是很丰富，以一些具有有益分泌物和挥发物质的物种为主，如丁香、桃花、蜡梅、玫瑰等，群落的结构较简单，通常结合观赏型园林进行建设。

（二）突出地方风格，体现文化特征

园林植物文化是城市精神内涵不可或缺的重要组成部分。现代园林植物造景要注重突出地方风格，体现城市独特的地域文化特征和人文特征。主要可通过以下几个途径实现。

1. 注重对市花、市树的应用

市花、市树受到广大人民群众广泛喜爱，也是比较适应当地气候条件和地理条件的植物。它们本身所具有的意义是该地区文明的标志和城市文化的象征。植物造景中，利用市花、市树的象征意义与其他植物或景观元素合理配置，不仅可以赋予城市浓郁的文化气息，还体现了城市独特的地域风貌，同时也满足了人们的精神文化需求。

2．注重对乡土植物的运用

乡土植物是指原产于本地区或通过长期引种、栽培和繁殖，被证明已经完全适应本地区的气候和环境，并且生长良好的植物。其具有实用性强、易成活、利于改善当地环境和突出体现当地文化特色等优点。植物造景强调以乡土树种为主，充分利用乡土植物资源，可以保证树种对本地生态条件的适应性，形成较稳定的具有地方特色的植物景观。利用乡土植物造景不仅可以很好地反映地方特色，更重要的是易于管理，能降低管理费用，节约绿化资金。植物造景中注重对乡土植物的运用，也体现了设计者对当地文化的尊重和提炼。

3．充分展现植物特色，营造丰富多变的季相

植物景观要重视对季相的营造，讲究春花、夏叶、秋实、冬干，通过合理配植，达到四季有景。或者在植物配置中突出某一季的景色，如春景或秋景，也有兼顾四季景色的。对植物材料的选择兼顾季相的营造，形成丰富多变的植物景观。

4．提倡和鼓励民众参与，体现园林的人性化设计

园林建设不应刻意采用复杂的设计，给人们遥不可及的感觉。在园林设计时，应更多地尊重和考虑使用者的感受和需要，追求自然、简单、和谐，增强园林与人的紧密联系，培养人们保护环境和亲自参与环境美化的意识。在园林设计和植物造景中，应该推崇人性化设计，设计师应该更多地考虑利用设计要素构筑符合人体尺度和人的需要的园林空间，营造开阔大气或安逸宁静的多元化植物空间。

5．大力开发、利用野生资源，丰富园林素材

现代园林植物造景的另一个发展趋势是越来越重视品种的多样性，充分利用大自然丰富的植物资源。我国拥有博大的种植资源库，园林设计工作者应担负起开发野生植物资源、推广和应用植物新优品种的使命，在丰富城市植物种类、美化城市环境的同时实现城市的生态平衡和稳定。更多园林植物新品种的开发和上市将为园林建设和生物多样性提供更多的植物材料。

—————————— 实操训练 ——————————

一、园林植物在园林设计中的平面表现技法

2015年实施的《风景园林制图标准》对植物的表现方法作了规定与说明，植物造景师要掌握植物的绘制方法，还要拥有一套专用植物图库，方便在设计中选用。乔木和灌木、常绿树和落叶树、针叶树和阔叶树画法各有不同。

1．乔木表现法

平面图中的树，用大小不同的"黑点"表示种植位置及树干的粗细，再画一个不规则的圆圈表示树冠的形状和大小。

（1）轮廓法。以模板用铅笔画圆——勾大致轮廓——边线加重，多用于表现常绿树（硬性、不透明特质），如图1-1-13所示，手绘练习如图1-1-14所示。

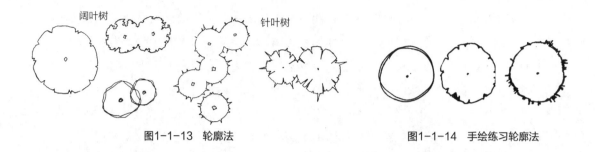

图1-1-13　轮廓法　　　　　　　　图1-1-14　手绘练习轮廓法

（2）分枝法。以模板用铅笔画圆——范围——勾主要分枝——上墨线。根据树木的生长习性画分枝（直枝或虬枝盘曲）。多用于表现落叶树，线条丰富多变。分枝法示例如图1-1-15所示。

（3）质感法。根据对象叶型、体量等特征加以表现，能比较真实地反映对象，精致美化图面，如图1-1-16所示。

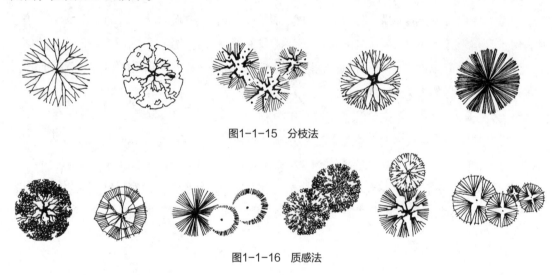

图1-1-15　分枝法

图1-1-16　质感法

2. 树丛（群）的基本画法

林缘线是指树林或树丛、花木边缘上树冠垂直投影于地面的连接线。林缘线往往是闭合的。

林缘线界定空间（粗线标出林缘，再用细线标出个体树木的位置），需用图例（质感法、分枝法）表现，大小植株相互覆盖时，用"大盖小"，即用大的图例覆盖部分小的图例，可使画面整洁生动，如图1-1-17所示。

图1-1-17　树丛的平面画法

3. 灌木丛的画法

灌木丛平面画法示例如图1-1-18所示。

4. 绿篱的画法

绿篱的平面画法示例如图1-1-19所示。

图1-1-18 灌木丛的平面画法

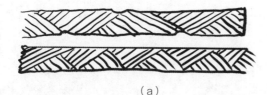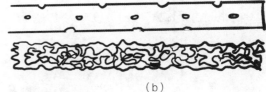

（a）　　　　　　　　　　　　　　　　（b）

图1-1-19 绿篱的平面画法

二、植物图例的选用

在进行园林植物造景设计时，无论是CAD辅助设计，还是PS效果图，都需要应用植物图例，设计过程中需要选择合适的植物配植图例，以便达到形象的效果，一些常用植物图例如图1-1-20和图1-1-21所示。

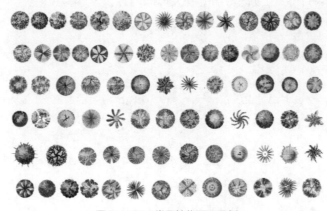

图1-1-20 常见植物平面图例

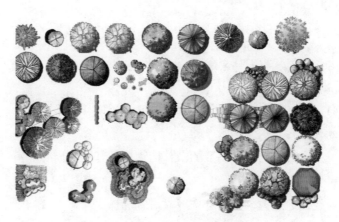

图1-1-21 常见植物手绘图例

———————————————— 任务实施 ————————————————

（1）选择校园绿地进行实地考察，用照片记录植物的生态、景观功能的园景实例，描述生态功能、绿地内外温差的变化、铺装及植物覆盖地面温差变化等。

（2）选一小块绿地进行平面图绘制。

（3）以小组形式完成一份PPT，内容包括生态、景观功能的认识体会。

———————————————— 教学效果检查 ————————————————

（1）你是否明确本任务的学习目标？

（2）你了解园林中植物功能包含的内容吗？

（3）你了解植物对环境的改善包括哪些方面吗？

（4）你能列举植物对环境美化包含的内容吗？

（5）你可以图示园林植物中的乔木、灌木、绿篱和草坪吗？

（6）你认为本学习任务还应该增加哪些方面的内容？

（7）本学习任务完成后，你还有哪些问题需要解决？

———————————————— 思考与练习 ————————————————

一、名词解释

（1）植物造景

（2）林冠线

（3）林缘线

（4）乡土植物

二、填空题

（1）园林中没有_____就不能称为真正的园林。

（2）我国古典园林是为_____服务的。

（3）园林植物的生产功能是指大多数的园林植物均具有生产物质财富，创造_____的作用。

（4）植物配置时要适地适树，则树种选择时最宜选择_____。

（5）园林植物的防护作用主要表现在_____、防风固沙两方面。

三、判断题

（1）园林植物观赏价值就是指植物的大小、高矮、轻重的比例给人的感觉好坏。　（　）

（2）植物造景与配置必须"师法自然"。　（　）

（3）植物造景生态原则与植物相关的生态因子只有温度和水分。　（　）

（4）当代园林是为少数人服务的。　（　）

（5）园林建设的最大受益者是绿化公司。　（　）

（6）园林树木的配置讲究最经济的手段获得最大效果。　（　）

（7）进行园林树木的配置时，应以其自身的特性及生态关系作为基础考虑。　（　）

（8）进行园林树木的配置时，既要注意生态学特性，又要有创造性。　（　）

（9）进行园林树木的配置时，要充分考虑生态、经济、社会效益。　（　）

（10）进行园林树木的配置时，只能应用新技术进行合理配置。　（　）

（11）应用新技术进行合理配置在园林树木的配置时只是一种补充和完善。　（　）

（12）园林植物只有保持水土、防风固沙两方面的作用。　（　）

（13）我国古典园林是为少数人服务的。　（　）

（14）要创造丰富多彩的植物景观，首先要有丰富的植物材料。　（　）

（15）园林中植物没有作装饰、庇荫、防护、覆盖地面等用途的木本或草本植物。　（　）

（16）植物造景主要展示植物的个体美或群体美，经过对植物的利用、整理、修饰发挥植物本身的形体、线条、色彩等自然美，创造与周围环境相适宜、协调的景观。　（　）

（17）园林中没有园林植物就不能称为真正的园林。　（　）

（18）地被、花灌木和草本植物只具有观赏价值。　（　）

（19）园林花卉分为乔木类、灌木类和藤本类。　（　）

（20）园林植物的生产功能是指大多数的园林植物均具有生产物质财富、创造经济价值的作用。　（　）

四、简答题

（1）说明植物造景、植物配置与植物种植设计的共同点与不同侧重点。

（2）园林植物在植物造景中的功能有哪些？

（3）谈谈你对目前植物造景生态意识不强的理解。

五、模拟绘图并根据当地气候确定植物品种

重点：不同植物的表现技法；根据当地气候进行品种更换。平面图如图1-1-22和图1-1-23所示。

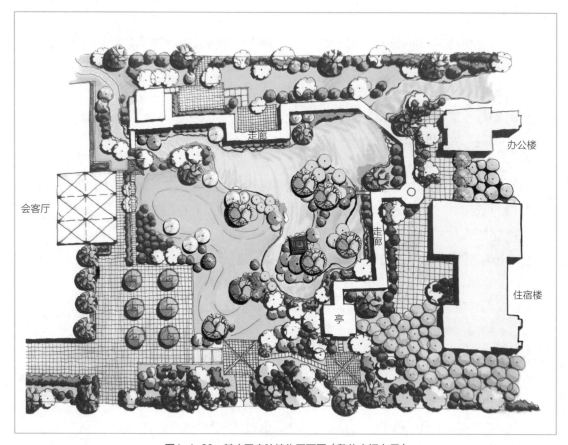

图1-1-22　某庄园庭院植物平面图（整体空间布局）

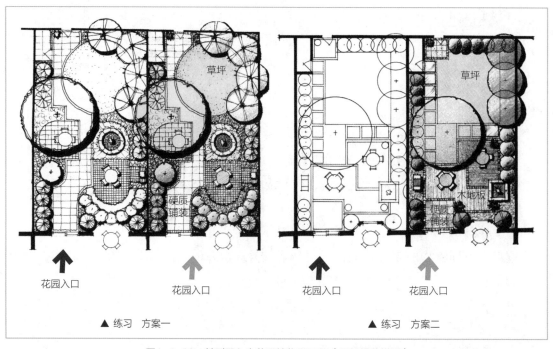

图1-1-23　某别墅入户花园植物平面图（局部细节搭配）

任务二 园林植物造景的审美设计

知识要求

1. 理解并掌握林冠线的含义。
2. 熟悉常见园林树种成年后的生长高度及体量，了解其对生长环境的要求。
3. 掌握植物景观色彩设计的方法。
4. 能列举12个月的典型开花植物。
5. 解析传统植物文化在植物造景应用中的价值，如古树名木、植物寓意等。

技能要求

1. 选择植物时能够充分考虑植物的观赏特性因子，如形态、花、叶、果、干、根等。
2. 在植物造景中能应用园林植物形体、色彩、层次、质感、季相、特色与意境等美感。
3. 在植物造景时能设计出优美的林冠线。
4. 根据不同场地环境要求合理利用植物的寓意、风水等。

能力与素养要求

1. 养成认真做课堂笔记的习惯，充分利用课堂时间，提高学习效率。
2. 在植物造景中善于挖掘和利用我国优秀的传统植物文化。
3. 具有良好的环保意识，能利用植物改造环境、修复环境。

工作任务

实地考察植物的观赏特性。选择校园绿地、居住小区或公园绿地进行植物观赏特性实地考察，用相机、图表记录植物的形态、色彩、层次、质感和季相等在实际应用中的体现。

任务要求

1. 就近选择绿地进行园林植物调查，班级分组分片进行。
2. 设计调查表格，要求包括树种名称、生态习性、规格、树形、主要观赏特征等。
3. 每个小组利用照片记录植物的观赏特征体现，并完成表格。
4. 小组汇报。

知识准备

在园林景观构成中，植物是唯一具备生命活力的重要元素，植物造景师应充分了解和掌握园林植物的观赏特性，才能恰当地运用植物素材，设计出符合人的心理、生理需求的植物景观。在园林中，园林植物的观赏特性包括植物的形态、色彩、芳香、质地等不同特征，创造出多种园林景观。

一、园林植物的形态美

园林植物种类繁多、形态多样，有的通直，有的弯曲，有的苍劲雄伟，有的婀娜多姿，有的古朴奇特，有的俊秀飘逸，有的刚劲挺拔，有的斜影婆娑，可谓千姿百态。园林植物的树形由树干、树枝、树叶、花果组成，形成各种轮廓线，给人以不同的艺术感受。树体上部即树冠，是园林植物的主要观赏部分。每种植物都有自己独特的形态特性，经过合理搭配，就会产生与众不同的艺术效果。

林冠线是指水平望去树冠与天空的交际线。不同高度的植物，构成变化适中的林冠线。在园林绿化植物配置中，常常运用树冠线的变化增加景色层次，丰富园林景观。在园林规划设计中，常常需要掌握树冠轮廓，合理配置各种园林植物。

1. 乔木树形的主要种类与形态

园林树木的树形有塔形、柱形、圆锥形、伞形、圆球形、半圆形、卵形、倒卵形、匍匐形等，特殊的有垂枝形、曲枝形、拱枝形、棕榈形、芭蕉形等。不同姿态的树种给人以不同的感觉，高耸入云或波涛起伏，平和悠然或苍虬飞舞。园林树木与不同地形、建筑、溪石相配置，则景色万千。之所以形成不同姿态，与植物本身的分枝习性及年龄有关。如水杉、池杉、落羽杉、新疆杨、钻天杨等枝干为直干形；生长在水边的垂柳、串钱柳等枝干为垂枝形。银杏树干通直，气势轩昂；油松曲虬苍劲；玉兰尽显富贵。

（1）单轴式分枝

顶芽发达，主干明显而粗壮，侧枝附属于主干。如主干生长大于侧枝生长时，则形成柱形、塔形树冠，如新疆杨、钻天杨、雪松、台湾桧等。如果侧枝的生长与主干的生长接近时，则形成圆锥形树冠，如雪松、冷杉、云杉等。

（2）合轴式分枝

主干的顶芽生长发育一段时间后停止生长或死亡，或顶芽变为花芽，其下方侧芽发育形成粗壮侧枝，主干仍较明显，但多弯曲。由于代替主干的侧枝张开的角度不同，较直立的就接近于单轴式的树冠，较开展的就接近于假二叉式的树冠。因此，合轴式的树种树冠形状变化较大，多数呈伞形或不规则树形，如悬铃木、柳、柿等。

（3）假二叉分枝

枝端顶芽自然枯死或被抑制，形成了侧枝优势，主干不明显，因此，形成网状的分枝形式。如果树高生长强于侧向的横生长，树冠呈椭圆形，如樟树等。相接近时则呈圆形，如丁香、馒头柳、千头椿等。横向生长强于竖向生长时，则呈扁圆形，如榕树、板栗、青皮槭等。

乔木主要树形有：圆球形、塔形、纺锤形（圆锥形）、圆柱形（椭圆形）、展开形（伞形）、垂枝形、棕榈形和不规则形，如图1-2-1至图1-2-21所示。

圆球形　　塔形　　纺锤形　圆柱形　　　展开形　　　垂枝形　　不规则形

图1-2-1　乔木主要树形

图1-2-2　圆球形（馒头柳）

图1-2-3　圆球形（桂花）

图1-2-4　塔形（雪松）

图1-2-5　塔形（南洋杉）

图1-2-6　塔形（澳洲南洋杉）

图1-2-7　圆锥形（圆柏）

图1-2-8　圆锥形（白皮松）

图1-2-9　圆柱形（加杨）

图1-2-10　椭圆形（深山含笑）

图1-2-11　椭圆形（广玉兰）

图1-2-12　垂枝形（龙爪槐）

图1-2-13　垂枝形（垂柳）

图1-2-14　展开形（澳洲 黄金垂榕）

图1-2-15　展开形（凤凰木）

图1-2-16　棕榈形（中东海枣）

图1-2-17　棕榈形（假槟榔）

图1-2-18　棕榈形（酒瓶椰）

图1-2-19　不规则形

图1-2-20　风致形

图1-2-21　造型树（盆景）

（1）圆球形。树高生长接近侧枝生长，如丁香、馒头柳、桂花等。

（2）尖塔形。主枝平展，主枝从基部向上逐渐变短、变细，如雪松、冷杉、落羽杉、南洋杉。

（3）纺锤形/圆锥形。主枝向上斜伸、树冠紧凑丰满，呈纺锤体或圆锥体，如幼年落羽杉、龙柏、圆柏。

（4）圆柱形/椭圆形

①圆柱形：中央主干较长，上部有分枝，主枝贴近主干，如黑杨、加杨等。

②椭圆形：树高生长强于侧枝生长，树冠丰满，如深山含笑、樟树、广玉兰等。

（5）展开形/伞形。横向生长强于竖向生长，如榕树、板栗、青皮槭等。

（6）垂枝形。主枝虬曲，小枝下垂，如垂柳、龙爪槐、龙爪柳等。

（7）棕榈形。棕榈类乔木，具有热带情调，因外形奇特，是植物景观中的"明星"。如棕树、蒲葵、槟榔、酒瓶椰子等。

（8）不规则形（风致形/造型树）

①风致形：主枝横斜伸展，如罗汉松、油松、枫树等。

②造型树：通过绑扎，修剪形成一定的造型树，如造型黑松、造型罗汉松等。

2. 灌木类的形态

灌木无直立主干，呈丛生状，主要有以下几种：

（1）圆球形。灌木中有很多适合修剪成球形的植物，如九里香、米仔兰、黄榕、尖叶木樨榄、红果仔、灰莉、海桐、小叶女贞、红继木、海桐、金叶女贞、大叶黄杨、雀舌黄杨等，如图1-2-22所示。

（2）卵形。如西府海棠、木槿等，如图1-2-23所示。

（3）垂枝形。如迎春、连翘、金钟花等，如图1-2-24所示。

（4）匍匐形。如铺地柏等，如图1-2-25所示。

圆球形植物体量虽小，但在植物景观设计中起着举足轻重的作用。一般来说，圆球形的灌木多有素朴、浑实之感，最适宜种植在树木群的外缘或装点草坪、路缘及屋基种植。由于灌木给人的感觉并不像乔木那样突出，而是一副"甘居人后"的样子，所以在配置造景时，灌木往往作为背景或衬托其他乔木。当然灌木并非就不能作为主景。

在植物配置时需要进行不同形体乔木、灌木搭配，首先确定大乔木位置，然后确定中小乔木、灌木等位置。中小乔木、灌木也可以作为主景，但经常应用于较小的空间。

图1-2-22 修剪的球形植物

图1-2-23 卵形

图1-2-24　垂枝形

图1-2-25　匍匐形

二、园林植物的色彩美

园林植物的色彩千变万化，通过色彩搭配可以营造丰富的植物色彩景观。随着社会的高速发展和城市建设步伐的加快，植物色彩景观作为城市景观中最灵活、最吸引人的景观，逐渐得到了人们的重视和追捧。例如在以销售黄金、钻石为主的街道空间中，选用黄色基调的树种（如黄花槐等）来营造空间，形成良好的购物氛围。

植物的色彩主要通过叶、花、果以及树皮等来呈现。

（一）叶色

叶色是植物重要的观赏特征之一，园林的基本色调由叶色烘托出来。园林植物一般都显不同深浅的绿色，常绿针叶树多显深绿色，阔叶树多显黄绿色或深绿色。多数落叶树种春天叶呈黄绿，夏天叶呈深绿或灰绿，秋天叶呈黄色或红色。有些树种叶背与叶面的颜色显著不同，在微风中就形成特殊的闪烁变化的效果。

叶色的变化取决于气候与季节等，根据叶色的特点可分为以下几类。

1. 春色叶类

春季新发生的嫩叶色有显著变化的树种统称"春色叶树"，如小叶榄仁、绿化杧果、柳树、银杏、五角枫、元宝枫、南天竹、七叶树、石楠等。

春色叶树春季新发生的嫩叶多呈现红色、紫红色和黄色等，在春风的吹拂下，多彩多姿，极具魅力，且均为暖色调，可给乍暖还寒的早春增添暖意。春色叶树色彩亮度较高，宜植于色彩较暗的深色背景前面，形成恰当的明暗对比，给人以满树黄花之感。

春色叶树之间的配置也是适宜的，红色系的石楠、山茶和新叶黄色的柳树、银杏等配置在一起形成春色叶树丛，视觉效果较好，如图1-2-26所示。

2. 秋色叶类

秋季叶色有显著变化的树种统称"秋色叶树"。秋色叶树分为秋季变红和秋季变黄两类。

（1）秋季变红色或紫红色。五叶地锦、爬山虎、黄栌、柿树、槭树、枫香、樱花、盐肤木、黄连木、鸡爪槭、南天竹、花楸、乌桕、山楂等。

（2）秋季变黄或黄褐色。银杏、水杉、法国梧桐、白桦、鹅掌楸、无患子、秋枫、槐树、白桦、栾树、朴树、落叶松、金钱松等。

秋色叶树的色彩与昼夜温差有很大关系，昼夜温差大的，叶色更鲜艳。在城市环境中，昼夜温差变化小，有些秋色叶树的叶色变化不显著。因此，在园林景观设计中，设计者应充分掌握叶色的变化，才能设计出色彩斑斓的秋季景观，如图1-2-27所示。

图1-2-26　春日嫩叶林

图1-2-27　秋日彩叶林

在秋色叶树造景中，可以应用单一树种片植，还可以将不同秋色叶树种混植，秋色叶树与常绿树的搭配以及秋色叶树与秋花、秋果植物的搭配，红黄相间。

我国北方于深秋观赏黄栌红叶，而南方则以枫香、乌桕红叶著称；在欧美的秋色叶中，红槲、桦类等最为夺目，而在日本则以槭树最为普遍。

3. 绿色类

绿色是植物最基础的颜色，也是应用最广泛的色彩。绿色给人的感觉是和平、安适、稳重、清新、富有活力和希望。根据深浅不同，植物的绿色又有多种，有嫩绿、浅绿、深绿、黄绿、褐绿、蓝绿、墨绿、灰绿等。不同绿色的树种搭配在一起，能形成美妙的色感，如图1-2-28所示。

（1）深绿。油松、圆柏、侧柏、雪松、云杉、山茶、女贞、桂花、槐树、榕树、构树、冬青、八角金盘、棕竹、绒毛白蜡等。

（2）浅绿。玉兰、紫薇、池杉、落羽杉、金钱松、七叶树、鹅掌楸、刺槐、紫荆、芭蕉等。

（3）蓝绿。绿粉云杉等。

（4）黄绿。白兰、水杉、柳树、黄金树等。

（5）灰绿。桂香柳、毛白杨、白杆等。

深绿色的树种主要是常绿阔叶树和针叶树，如油松、白皮松等，这类树种颜色稳重，通常和浅色调的建筑或植物搭配，常用来做背景。也可以将不同明度、不同纯度的绿色植物组合，会收到良好的景观效果。如北京植物园裸子植物区，将云杉、青杆、紫杉、白杆、圆柏这些深浅不同的绿色植物组合，形成富有层次的景观。

乔木和小乔木类的常色叶树种均可孤植、丛植于草坪、庭院、山石间或常绿树前，红枫点缀在绿色植物的背景前；乔木和小乔木可以相互搭配，形成色彩和谐、高低相错的空间，如紫叶李、红叶椿配置形成亮丽而优雅的景观。灌木类中，可形成彩色绿篱、绿墙或修剪成球形等形体，散植于草坪、坡地、林缘、石间，或点缀于雕塑、喷泉周围，或作基础种植材料；常色叶灌木、草本可与一年生、两年生花卉搭配，组成美丽的镶边、图案，在绿色大草坪背景下可以形成极壮丽的景观。

4. 常色叶类

叶片全年呈异色，称为常色叶树，是有些树的变种或变型。常色叶植物是现代园林的新宠，随着园艺科学的发展，常色叶植物的种类日益丰富，同时，由于常色叶植物色彩鲜艳，观赏期长，其在城市景观中扮演着越来越重要的角色。常色叶植物分为乔木类、灌木类和草本类。

（1）红色或紫红色。紫叶李、紫叶小檗、紫叶桃、红枫、红花继木、朱蕉、红叶石楠等，如图1-2-29所示。

（2）黄色。黄金香柳、黄榕、金叶女贞、金叶连翘、金山绣线菊、金叶槐、金叶榆、金叶雪松、金叶鸡爪槭等，如图1-2-30所示。

（3）银色。银叶金合欢、银叶菊、高山积雪等，如图1-2-31所示。

（4）彩纹或斑纹。花叶榕、花叶扶桑、变叶木、金边黄杨、金心黄杨、银边黄杨、洒金珊瑚、银边常春藤、星点木、黄金八角金盘等，如图1-2-32所示。

（5）双色叶。叶背与叶面的颜色显著不同，在微风中就形成特殊的闪烁变化的效果，这类树种称为"双色叶树"，如银白杨、石栗、红背桂、广东含笑、广玉兰等，草本有鸭趾草等，如图1-2-33所示。

图1-2-28　绿色叶

图1-2-29　红色叶

图1-2-30　黄色叶

图1-2-31 银色叶

图1-2-32 斑纹叶

图1-2-33 双色叶

（二）茎干色

乔、灌木的枝干形态万千，各具特色，干皮的颜色也富于变化而具有观赏价值，树皮表面光滑，不开裂，如紫薇、柠檬桉、槟榔等；树皮呈不规则片状剥落的有白皮松、悬铃木、木瓜、榔榆等。

虽然枝干的色彩没有叶色、花色鲜艳、醒目，但具有色彩的枝干能为色彩单调的冬季增添新的元素。在我国北方，冬季植物叶片脱落，枝干的形态、色彩往往成为主要的观赏景观，落叶后的树干在蓝天或白雪的映衬下更是独具魅力。

造景时对于干皮色彩独特的树种也要注意利用，如紫色的紫竹，红褐色的马尾松、水杉、碧桃、红瑞木，黄色的黄金间碧竹，绿色的竹子、梧桐，灰白色的白桦、毛白杨、核桃，还有色彩斑驳的木瓜、白皮松等。

（1）茎干为红紫色或红褐色。如红瑞木、赤枫、紫竹、山桃等，如图1-2-34和图1-2-35所示。

（2）茎干为黄色。如黄金间碧竹、金枝槐、金竹、金枝垂柳等，如图1-2-36所示。

（3）茎干为白色或灰色。如白皮松、白桦、白桉、核桃、银白杨等，如图1-2-37至图1-2-39所示。

（4）茎干为斑驳色。如木瓜、悬铃木、榔榆等。

（5）茎干为青绿或灰绿色。如梧桐、竹、青杨、发财树等。

图1-2-34 茎干红色（红瑞木）

图1-2-35 茎干紫色（紫竹）

图1-2-36 茎干黄色（黄金间碧竹）

图1-2-37　茎干白色（白桦）　　　图1-2-38　茎干白色（白桉）　　　图1-2-39　茎干白色（白皮松）

（三）花色与花相

花是园林景观中最重要的元素，是人们观赏的焦点，花朵奇特的形态、缤纷的色彩、浓郁或淡雅的芳香，都给人留下深刻的印象。花的观赏价值主要表现在花的形态、色彩、芳香等方面。花的形态美首先表现在花朵或花序本身的形状上，其次表现在花朵在枝条上的排列方式上，即花相。

1. 花色

园林植物的花朵有各种各样的形状和大小，在色彩上更是千变万化。花色带给人最震撼、最直接的美感，因此，在景观设计中，应充分掌握植物的花期和花色，才能进行合理的配置。花色要结合开花季节的各种因素才能达到开落的连续、色彩的交接，从而形成丰富多彩的景色。自然界中的花色多种多样，归纳分为以下五大系列。

（1）红色系花

①春季：山桃、榆叶梅、西府海棠、红碧桃、杏树、垂丝海棠、樱花、杜鹃、木棉、牡丹、芍药、红山茶、锦带花。

②夏季：月季、玫瑰、野蔷薇、石榴、凌霄、美人蕉、凤凰木、火焰木、朱槿等。

③秋季：紫薇、扶桑、千日红、大丽花等。

④冬季：三角梅、红绒球、紫荆花、异木棉、红梅、一品红等。

自然界中，红色花最引人注意，尤其是在红绿互补色的对比时，红花在绿叶的衬托下，更是鲜艳欲滴，醒目热烈。但在安静的休闲区不适合大量使用红色，红色在光线很强的地方过于刺眼，会有疲劳感。可以在冷色调中适当点缀红色，则会有温暖的感觉。红色系花如图1-2-40至图1-2-48所示。

（2）黄色系花

①春季：结香、迎春、连翘、金钟花、棣棠、云南黄素馨等。

②夏季：金丝梅、金缕梅、鹅掌楸、栾树、黄花槐、黄蝉、黄花夹竹桃、金合欢、台湾相思等。

③秋季：桂花、菊花等。

④冬季：蜡梅等。

图1-2-40　红花（凤凰木）　　　　图1-2-41　红花（红梅）　　　　图1-2-42　红花（紫薇）

图1-2-43　红花（三角梅）　　　图1-2-44　粉红色（合欢）　　　图1-2-45　粉红色（宿根福禄考）

图1-2-46　橙红花（凌霄）　　　图1-2-47　橙红色花（大王花）　　图1-2-48　粉红花（杜鹃花海）

在园林中黄色系花应用较多。因为黄色的纯度最高，在光线充足的地方不适合大片栽植，可以点缀蓝紫色、灰蓝色作为补色，再加以深绿色的叶片衬托，可营造出清新、自然的画面感。在光线不足时，显得很明快。如在公园的阴暗处配置黄色植物，使人感到愉快、明亮，再点缀白色、橙色的花可以活跃气氛，也可在空间感上起到小中见大的作用。黄色系花如图1-2-49至图1-2-51所示。

（3）白色系花

①春季：白玉兰、白丁香、梨花、山茶（白）、含笑、流苏、文冠果、鸡麻、石楠、郁李、山楂、木本绣球、刺槐、紫藤（白）、玫瑰（白）、木香、天目琼花、山梅花、太平花、月季（白）、喷雪花等。

②夏季：茉莉、花楸、栀子花、七叶树、国槐、广玉兰、木槿（白）、银薇、糯米条、天女花、月季（白）等。

③秋季：银薇、木槿（白）、糯米条、九里香、月季（白）等。

图1-2-49　黄花（黄花风铃木）

图1-2-50　黄花（金桂）

图1-2-51　黄花（连翘）

④冬季：梅花（白）等。

植物中开白花的占多数，白色给人纯净、清雅、洁净、神圣、安适、高尚、无瑕、平安的感觉，使人肃然起敬。在色彩对比过于强烈的植物配置中，白色的加入可以使色彩对比缓和，整体色调趋于统一。面积较大的白色花丛会有素雅、冷清的感觉。白色系花如图1-2-52至图1-2-55所示。

（4）蓝紫色系花

①春季：紫玉兰、紫荆、紫藤、泡桐、羊蹄甲、楝树、风信子、鸢尾等。

②夏季：蓝花楹、木槿、紫薇、八仙花、醉鱼草、荆条、矮牵午、飞燕草、耧斗菜、马蔺等。

③秋季：木槿、紫薇、醉鱼草、荆条等。

园林植物中蓝色的花很少，蓝紫色的植物多用于营造安静休息区，给人凉爽的感觉。蓝色系花中也可以加一些白色和黄色的植物，可以提亮色彩。蓝色系花如图1-2-56至图1-2-58所示。

图1-2-52　白花（白玉兰）

图1-2-53　白花（夹竹桃）

图1-2-54　白花（喷雪花）

图1-2-55　白花（天目琼花）

图1-2-56　蓝花（蓝花鼠尾草）

图1-2-57　蓝花（鸢尾）

（5）杂色花

同一品种的花卉，由于开花的先后出现明显不同色彩，或者由于栽植变异呈现同一植株花色各异的情况，如马樱丹、三色堇等。杂色系花如图1-2-59至图1-2-66所示。

图1-2-58 蓝花（蓝花楹）　　　图1-2-59 紫白花（紫藤）　　　图1-2-60 蓝粉花（羊蹄甲）

图1-2-61 杂色花（蝴蝶兰）　　　图1-2-62 杂色花（绣球花）　　　图1-2-63 杂色花（马樱丹）

图1-2-64 杂色花（三色堇）　　　图1-2-65 杂色花（混花月季）　　　图1-2-66 杂色花（混花月季）

2. 植物的花相

花的观赏效果不仅由花朵或花序本身的形貌、色彩、香气而定，而且还与其在树上的分布、叶簇的陪衬关系以及着花枝条的生长习性密切相关。

花相指花或花序着生在树冠上的整体表现形貌。园林树木的花相，根据树木开花时有无叶簇的存在分为两种，即"纯式"和"衬式"。

（1）纯式花相。在开花时，叶片未展开，全树只见花不见叶，属于先花后叶类。

（2）衬式花相。在展叶后开花，全树花叶相衬。

园林植物的花相又可分为如下几种：独生花相、线条花相、星散花相、团簇花相、覆被花相、密满花相、干生花相，如图1-2-67至图1-2-75所示。

图1-2-67   独生花相（地涌金莲）　　图1-2-68   线条花相（迎春花）　　图1-2-69   星散花相（白兰）

图1-2-70   星散花相（蒲桃）　　图1-2-71   团簇花相（木绣球）　　图1-2-72   覆被花相（泡桐）

图1-2-73   覆被花相（栾树）　　图1-2-74   密满花相（梨树）　　图1-2-75   干生花相（紫荆）

（1）独生花相。花形奇特，花序一个，生于干顶，这类木本花卉很少，普遍花大，如苏铁类。

（2）线条花相。花排列于小枝上，形成长形的花枝。此类花相大都枝条较稀，枝条个性较突出。纯式线条花相者有连翘、金钟花、蜡梅等，衬式线条花相者有麻叶绣线菊、棣棠、金银木等。

（3）星散花相。花朵或花序数量较少，且散布于全树冠各部位，分布稀疏，花感不强。衬式星散花相在绿色的树冠底色上零星散布着花朵，有丽而不艳、秀而不媚的效果，如白兰、鹅掌楸、蒲桃等。

（4）团簇花相。花朵或花序形大而多，就全树而言，花感较强烈，但每朵或每个花序的花簇仍能充分表现其特色。纯式团簇花相者花相有玉兰、木兰等。衬式团簇花相者以琼花为典型代表，因其花多而密，可以在景观中引导视线，吸引人的注意力，还有木本绣球、丁香、紫薇、木槿、玫瑰、月季、石榴等。

（5）覆被花相。花或花序着生于树冠的表层，形成覆盖状。纯式覆被花相者有泡桐等，衬式覆被花相者有广玉兰、七叶树、栾树等。

（6）密满花相。花或花序密生全树各小枝上，使树冠形成一个整体的大花团，花感最为强烈。纯式密满花相者如榆叶梅、碧桃、山桃、海棠、樱花、杏、梨、梅等；衬式密满花相者如西府海棠、火棘、锦带花等。

（7）干生花相。花着生于茎干上。种类不多，如热带地区的大王椰、鱼尾葵、假槟榔、木菠萝等，生长在华中、华北地区的紫荆等。

（四）果色

园林植物的果实也极富观赏价值，许多园林植物有美丽的果实或种子，尤其是在秋季，硕果累累的丰收景象充分显示了果实的色彩效果。现代园林中，观果类植物广泛应用于居住区、校园、街道等绿地，果实多在夏季和秋季成熟，园林中，对果实欣赏要求奇、巨、丰。

所谓"奇"，是指形状奇异有趣。如铜钱树的果实形似铜钱；象耳豆的荚果弯曲，两端浑圆相接，犹如象耳一般；腊肠树的果实好比香肠；秤锤树的果实像秤锤一样；紫珠的果实宛如晶莹剔透的紫色小珍珠；其他各种像气球的、像元宝的、像串铃的，不一而足。

所谓"巨"，是指单体的果实较大。如柚、树菠萝等；或果虽小，而果色鲜艳，果穗较大，如接骨木、葡萄、火棘、冬青等，均有引人注目之效。

听谓"丰"，是指就全树而言，无论单果或果穗，均具备一定数量，具有较高的观赏效果，如柿、苹果、梨、桃、杏、李、石榴等。

果实的色彩多为红色、紫色、橙色、黄色等，植物设计中运用果实的色彩点缀园林，可起到成熟、丰收、喜悦的氛围效果，如图1-2-76至图1-2-84所示。

图1-2-76　红色果实（洋蒲桃）

图1-2-77　红色果实（红豆杉）

图1-2-78　红色果实（枸骨）

图1-2-79　黄色果实（橘）

图1-2-80　黄色果实（枇杷）

图1-2-81　黄色果实（柿子）

图1-2-82　紫色果实（紫珠）　　　　图1-2-83　蓝色果实（阔叶十大　　　图1-2-84　白色果实（红瑞木）
　　　　　　　　　　　　　　　　　　　　　　　　　功劳）

1. 红色果实

苹果、樱桃、山楂、桃、海棠、柿树、荔枝、杨梅、石榴、天目琼花、枸杞、冬青、枸骨、小檗、南天竹、花椒、枸子、蛇莓、火棘、洋蒲桃、红豆杉、金银木、珊瑚树等。

2. 黄色果色

银杏、金橘、杏、柚、李、枇杷、梅、梨、橘、橙、柚、南蛇藤、木瓜、乳茄、佛手、柠檬、杜果等。

3. 蓝紫色或蓝黑色果实

葡萄、紫珠、十大功劳、李子、桂花、金银花等。

4. 黑色类果实

金银花、常春藤、大叶女贞、小叶女贞、君迁子等。

5. 白色果实

红瑞木、珠兰、玉果南天竺、银杏、雪里果等。

三、园林植物的质感美

植物的质感是植物重要的观赏特性之一，却往往被人们忽视，它不如色彩引人注目，也不如姿态、体量为人们熟知，却能引起丰富的心理感受。植物的质感主要由植物的枝干特征、叶片形状、立叶角度、叶片质地等表现出来，比如软硬、轻重、粗细、冷暖等特性。植物的质感有较强的感染力，质感不同，人们就有不同的心理感受。

1. 质地分类

植物的质感一般分为3类：粗质型、中质型和细质型。

（1）粗质型植物。叶片大，枝干疏松而粗壮，叶表面粗糙多毛、叶缘不规则。如枸骨、加拿利海枣、棕榈、广玉兰、琴叶榕、八角金盘、厚朴、苏铁、凤尾兰等，如图1-2-85所示。

（2）中质型植物。中等大小的叶片、枝干等。如樟树、小叶榄仁、紫薇、银杏、火棘、月季等。园林中的大部分植物归为中质型，如图1-2-86所示。

（3）细质型植物。小叶片和微小脆弱的小枝。如枫树、垂柳、合欢、凤凰木、凤尾竹、南天竹、文竹、麦冬、蔓花生、台湾草、酢浆草、三叶草、苔藓、粉黛乱子草等，如图1-2-87所示。

图1-2-85　粗质型（加拿利海枣）　　　图1-2-86　中质型（小叶榄仁）　　　图1-2-87　细质型（粉黛乱子草）

2. 不同质感植物给人不同的感受

园林植物造景中，不同质感植物给人不同的感受，枸骨坚硬多刺，具有剑拔弩张的效果；棕榈、凤尾兰给人粗壮雄浑的力量；琴叶榕给人粗野、坚实的感觉；垂柳给人清爽秀丽的感觉；红花酢浆草、台湾草给人纤细柔美之感。深色质感的植物，会产生"趋向"观赏者的感觉；浅色轻质感的植物则多产生"远离"观赏者的感觉，如图1-2-88至图1-2-92所示。

图1-2-88　粗质感、细质感植物给人不同感受

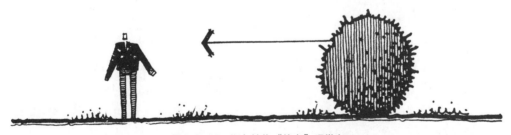

图1-2-89　深色植物"趋向"观赏者

图1-2-90　浅色植物"远离"观赏者

图1-2-91　厚重质感的松树

图1-2-92　轻盈质感的柳树

质感的对比：

粗糙与光滑——加拿利海枣与凤凰木

坚硬与柔软——凤尾兰与迎春花

沉着与轻盈——大树与小草，松树与垂柳

反光与不反光——革质与纸质

3. 不同质感植物在园林空间上的应用

不同的质感给人们带来不同的空间感受。粗质型植物看起来强壮、坚固、刚健，有男性之美，如粗犷健壮的叶大而厚的琴叶榕、坚硬多刺的枸骨、直立坚硬且带刺的龙舌兰等，这类植物造成观赏者与植物间的可视距离短于实际距离的幻觉。粗质型植物使空间显得小于其实际面积，一般用于较大的空间，宾馆内庭、庭院要谨慎使用。

细质型植物看起来柔软、纤细，有优雅情调，有女性之美。如枝条柔软、婀娜多姿的凤凰木，体态轻盈的鸡爪槭，枝条柔软、叶色金黄的黄金香柳，叶色较浅的合欢，细弱、枝干稀疏的垂柳等。细质型植物细腻的质感使观赏者感觉空间显得比实际大，适合布置在较小的空间。细质型植物种植在某些背景中，可使背景显现整齐、清晰、规则的特征。细质型植物比较适合近观。所以紧凑狭小的空间一般用细质型植物。当然，一般情况下要粗、中、细合理搭配。不同质感植物搭配示例如图1-2-93至图1-2-96所示。

图1-2-93　深色叶丛为基础浅叶及其枝条在其上

（a）在布置中圆球形植物应占突出部位

（b）圆锥形植物在圆球形和展开形植物中的突出作用

图1-2-94　不同形体乔木、灌木配置

图1-2-95　不同质感的植物搭配在一起的街道节点　　　　图1-2-96　不同质感的植物搭配在一起的节点景观

四、园林植物的芳香美

芳香植物是指植物组织器官中含有香精油、挥发油或挥发树脂的植物类群，芳香植物兼有香料植物、药用植物、观赏植物的多重属性。据不完全统计，目前我国已发现有开发利用价值的芳香植物70余科、200属、600~800种，主要集中在木兰科、蔷薇科、芸香科、木樨科等植物类群。从古至今，芳香植物广泛应用于园林景观中，梅花暗香浮动、荷花香远益清，给人心旷神怡的感受。

1. 芳香植物类型

芳香植物示例如图1-2-97至图1-2-100所示。

（1）木本类。包括蜡梅、白玉兰、紫玉兰、鹅掌楸、含笑、栀子花、茉莉花、米兰、香樟、海桐、山梅花、金缕梅、笑靥花、云南黄馨、迷迭香、梅、紫丁香、白丁香、山茶花、牡丹、月季、玫瑰、野蔷薇、木香、桂花、九里香、结香、瑞香、泡桐、刺槐、黄刺玫、桂香等。

（2）草本类。包括紫罗兰、薰衣草、菊花、水仙、紫苏、月见草、玉簪、藿香蓟、矮牵牛、荷花、香雪兰、香豌豆、百合、花毛茛、香雪球、桂竹香、晚香玉、昙花等。

2. 芳香植物在园林景观中的应用

（1）芳香植物专类园。选择具有芳香气味、姿态优美的植物，如木兰科、蔷薇科、芸香科、木樨科等科属中的植物取其花香，如木瓜、枇杷、柑橘、佛手等植物取其果香，如香樟、松柏类、茶属等植物取其枝叶清香。此类植物适合配置于植物园、综合性公园等公共绿地。

图1-2-97　春兰　　　　　图1-2-98　夏荷　　　　　图1-2-99　秋菊　　　　　图1-2-100　冬梅

（2）植物保健绿地。选择能够散发有益物质，对人体健康有特殊功效的植物种类，如玫瑰、紫罗兰、茉莉，它们散发出的香味能杀死肺炎球菌、葡萄球菌；薰衣草的香味可以缓解神经衰弱；菊花的香味对头痛、牙痛有镇痛作用；栀子花香对肝胆疾病有较好的疗效；松柏科植物枝叶散发的气体对结核病等有防治作用。

（3）其他特殊功效的芳香绿地。一些植物的香味所发挥的特殊功能可以服务于特殊的人群，如专为盲人而建的芳香园，可以选择由气味相异、便于识别的不同植物组成；另有研究表明，菊花香味和薄荷香气可激发儿童的智慧和灵感，使之萌发求知欲，因此，可用于校园中。

可以通过地形的组织创造封闭的环境，形成以芳香为主题的植物空间。如拙政园的远香堂周围水面遍植荷花，荷花开时远远地就能闻到香味，这样的植物空间就具有独特的吸引力，从而造就了该空间的总体氛围，如图1-2-101所示。

常用芳香植物：

（1）兰花。一枝在室，清香四溢。

（2）米兰。花香似惠兰。

（3）珠兰。花香醇和、持久。

（4）玫瑰。芳香诱人。

（5）荷花。清馨宜人。

（6）栀子花。香味甜香、持久。

（7）桂花。香味清雅，浓郁超凡。

（8）菊花。傲香之花，淡雅。

（9）蜡梅。香气似梅、芬芳宜人。

（10）梅花。香气幽雅、独具一格。

（11）水仙。花香清幽。

图1-2-101　运用大量芳香植物的小空间

五、园林植物的季相美

园林植物在不同的季节形成不同的景观特点，尤其在其叶色、花期、果实的变化季节性明显。园林植物造景应充分利用季相变化，按照季节的更替和花期的变化体现时令效果，体现植物的春花、夏荫、秋色和冬干（冬雪或冬绿）的季相变化，从而提升景观游赏效果。

当植物空间由落叶植物围合时，空间围合的程度会随着季节的变化而变化。夏季，具有浓密树叶的树丛能形成一个个闭合的空间，视线被阻隔，而随着植物的落叶，视线逐渐能延伸到限定空间以外，空间产生流动，显得更大、更空旷。

四季花木的选择：

（1）春季花卉。迎春（黄）、玉兰（紫、白）、紫荆（紫）、贴梗海棠（红）、桃（红、白）、山茶（红、白）、牡丹（红、黄、白、紫、淡红）、紫藤（紫、白）、杜鹃（红、白、黄、淡红）、连翘（黄）、瑞香（白、紫、黄）、芍药等。

（2）夏季花卉。合欢（白、淡红）、绣球（白、紫）、木槿（白、紫、淡红）、紫薇（白、绿、淡红）、六月雪（白）、夹竹桃（白、黄、淡红）、荷花、茉莉、含笑、月季、石榴、栀子、玉簪、牵牛、美人蕉等。

（3）秋季花卉。芙蓉（白、淡红）、桂（红、黄、淡黄）、胡枝子（白、红）、油茶（白、红）、木芙蓉、木槿（白、紫、淡红）、菊花（白、黄）等。

（4）冬季花卉。梅（白、红）、蜡梅（黄）、结香、银柳、水仙（白）等。

四季季相造景如图1-2-102至图1-2-105所示。

图1-2-102　春暖花开之春景

图1-2-103　绿树成荫之夏景

图1-2-104　层林尽染之秋景

图1-2-105　傲骨凌寒之冬景

古典园林植物季相造景范例：

（1）春花烂漫的春景。如拙政园的"海棠春坞"与"玉兰堂"、留园的"小桃坞"、狮子林的"向梅阁"、杭州西湖的"柳浪闻莺""苏堤春晓"、西安的"牡丹苑"等。

（2）荷盖摇风的夏景。如杭州西湖的"曲院风荷"、留园的"荷花厅"、拙政园的"荷风四面亭"。

（3）美不胜收的秋景。如北京香山红叶、网师园的"小山丛桂轩"、留园三株古银杏与"闻木樨香轩"及枫林、拙政园的枇杷园。

（4）冬景。如拙政园的"雪香云蔚亭"、狮子林古五松园和指柏轩、河北避暑山庄的万壑松风、扬州个园的竹园、清晖园竹苑、南京梅花园、广州兰圃等。

六、园林植物的特色美

园林植物很多时候是地域或文化的象征，利用园林植物展现地域性特色景观效果很好，如日本的樱花（图1-2-106）、荷兰的郁金香（图1-2-107）、加拿大的枫树等。

植物造景中，可利用乡土植物来表达情感和环境主题。如新疆的胡杨（图1-2-108）、青海的云杉（图1-2-109）、北京的国槐（图1-2-110）、成都的木芙蓉（图1-2-111）、云南大理的山茶（图1-2-112）、海南的椰林（图1-2-113）、广州的木棉（图1-2-114）、深圳的三角梅（图1-2-115）、西双版纳的热带雨林等。

茂名市是全国著名的水果之乡，以龙眼、树菠萝等乡土树种做行道树，展示了街道景观的新特色和突出了果乡的城市特性。这也属于营造植物景观意境的一种隐喻手法。

图1-2-106　日本的樱花

图1-2-107　荷兰的郁金香

图1-2-108　新疆的胡杨

图1-2-109　青海的云杉

图1-2-110　北京的国槐

图1-2-111　成都的木芙蓉

图1-2-112　云南大理的山茶

图1-2-113　海南的椰林

图1-2-114　广州的木棉

图1-2-115　深圳的三角梅

植物造景常用棕榈类植物打造南国热带风光，常用的植物有棕榈、蒲葵、假槟榔、华盛顿海葵、美丽针葵、棕竹等。

七、园林植物的意境美

植物是文化的载体，园林景观是物质财富与精神财富的集合。对景观植物从形态美到意境美的欣赏，是欣赏水平的升华。在园林设计中，将植物文化与绿地景观有机地结合，可以创造出具有意境的景观。

中国植物栽培历史悠久，园林植物被赋予人文内涵。例如皇家园林中常用玉兰、海棠、迎春、牡丹、桂花象征"玉堂春富贵"，体现了皇家气派。

植物富含人文气息，借助植物抒发情怀，寓情于景，也蕴含了寻常百姓的美好愿望。如古时"槐荫当庭""栽梅绕屋""移竹当窗""分梨为院""绿草如茵"等皆有意境。还有民间广受欢迎的"玉堂春富贵""花中四君子"（竹、兰、梅、菊）、"岁寒三友"（松、竹、梅）等。"曲院风荷"（图1-2-116）、"柳浪闻莺"（图1-2-117）、"杏花春馆""梧桐书屋""万壑松风""梨花伴月""梧竹幽居"，还有海棠雨、丁香雪、紫藤风、莲叶田田、夏日百日红遍的紫薇等，都是有意境的园林景观。

自古以来，中国人将植物"拟人化"，赋予其特殊的精神品质和人格。例如将传统的松、竹、梅谓之岁寒三友。园景中有万壑松风、松涛别院、松风享等景观。松，苍劲古雅，不畏

图1-2-116　曲院风荷

图1-2-117　柳浪闻莺

霜雪风寒，能在严寒中挺立于高山之巅，具有坚贞不屈、高风亮节的品格。因此，在园林中常将松柏种植于烈士陵园等气氛庄严的场地，纪念革命先烈。

竹是中国文人最喜爱的植物，有诗句赞竹："未曾出土先有节，纵凌云处也虚心。"说它品行高洁，群居不乱，独立自峙，坚可以配松柏，劲可以凌霜雪，密可以泊晴烟，疏可以漏霄月。因此，竹被中国文人视作最有气节的君子。难怪苏东坡说："宁可食无肉，不可居无竹。"园林景点中如"竹径通幽"最为常用；如片植竹林，林下种兰，再配以置石，意境高雅。松竹绕屋更是古代文人喜爱之处。

梅也是深受人们喜爱的植物，有"万花敢向雪中出，一树独先天下春"的赞叹，而成片的梅花林，开花之时犹如一片香雪海。园林景点中以梅命名的极多，如梅花山、梅岭、梅岗、梅坞等。梅作为花中四君子之一，代表着高风亮节。

荷花被视作"出淤泥而不染，濯清涟而不妖。"

桂花在李清照心目中更为高雅："暗淡轻黄体性柔，情疏迹远只香留。"

桃花在民间象征幸福、交好运；柳，谐音"留"，翠柳依依，晓风残月，表示惜别和珍重；桑和梓表示家乡等。凡此种种，不胜枚举。

植物景观的意境美，经过历史的传承与演变，留下了宝贵的文化遗产，可以说是独具特色。

任务分析

对植物的观赏特性进行分解，具体包括乔木和灌木的形体、色彩、层次、质感、季相、特色与文化背景等，在实际生活中寻找对应植物的观赏特性美。通过表格、照片等形式进行分析说明。

在植物景观设计时，选择植物时能够充分考虑其观赏特性因子，如形态、花、叶、果实、干、根等。

任务实施
---

1. 做调查表

就近选择校园内绿地、班级分组、分片进行植物调查，调查园林植物的各项观赏特性，先用照片记录，再完成调查表格。调查表格内容如下：

园林植物观赏特性调查表

调查地点			调查日期		调查人员		
序号	名称	生态习性	规格大小	形态	观赏特性	生长环境、状况	园林用途
1		如：常绿乔木、落叶乔木、常绿灌木、落叶灌木	如：胸径、冠幅、树高……	如：塔形、伞形……	如：观花、观叶	主要记录光照条件、生长是否良好或有无病虫害等	古树名木、行道树、庭荫树等
2							
3							
4							
……							

2. 查阅资料

根据所调查到的树种，在图书馆或者网上查阅相关资料，如生长中对环境的要求、观赏特征的具体描述、应用的形式等，对调查照片、数据、图纸补充文字说明。

3. 完成PPT

PPT内容包括所调查植物的形态、色彩、芳香、质地及季相体现、代表寓意等。

教学效果检查

（1）你是否明确本任务的学习目标？

（2）你是否达到了学习任务对知识和能力的要求？

（3）你了解园林中植物的基本类型吗？

（4）你了解乔、灌、草一般的体量大小吗？

（5）你能列举当地常见的植物应用种类及其观赏特征吗？

（6）你对自己在本学习任务中的表现是否满意？

（7）你认为本学习任务还应该增加哪些方面的内容？

思考与练习

一、名词解释

（1）花相

（2）季相

二、填空题

（1）_____是指适合各种风景名胜区、休养及疗养胜地和各类园林绿地应用的木本植物。

（2）_____是指具有观赏价值的地被、花灌木和草本植物。

（3）园林树木分为乔木类、_____和藤本类。

（4）花卉分为露天花卉和_____。

（5）园林中的色彩多以_____为基调。

（6）植物美化配置中，_____是构景的基本因素。圆柱形有杜松，圆锥形有圆柏，垂枝形有垂柳、垂榆，龙枝形有龙爪槐、龙爪柳等。

（7）叶的观赏性主要表现在叶的大小、形状、质地和_____四个方面。

（8）园林中常见的秋色叶植物有_____、_____、_____等。

（9）室内常用观叶植物有_____、_____、红掌等。

（10）园林树木的花相，根据树木开花时有无叶簇的存在，可分为_____花相和_____花相两种。

（11）花相按照花叶开放的时间顺序来分有_____、_____、_____。

（12）先花后叶的树种有_____、_____、_____等。

（13）园林中许多国家常有"芳香园"设置，它是利用各种_____植物配植而成。

（14）_____花系的植物有：桃、杏、梅、月季、石榴等。

（15）_____花系的植物有：连翘、黄刺玫、黄蔷薇等。

（16）_____花系的植物有：紫丁香、木兰、醉鱼草等。

（17）_____花系的植物有：白丁香、白牡丹、女贞、玉兰等。

三、选择题

（1）植物美化配置中，树形是构景的基本因素，圆锥形的有圆柏，塔形的有雪松，下类是垂枝形的有（　　）。

　　A．垂柳　　　　　　B．棕榈　　　　　　C．榆树　　　　　　D．桃花

（2）花境的种植形式属于（　　）。

　　A．规则式　　　　　B．自然式　　　　　C．混合式　　　　　D．整齐式

（3）以下属于观果植物的是（　　）。

　　A．栾树　　　　　　B．杜鹃　　　　　　C．刺葵　　　　　　D．紫薇

（4）白丁香、广玉兰、女贞、玉兰等为（　　）花系植物。

    A．黄色　　　　　　　B．白色　　　　　　　C．蓝色　　　　　　　D．紫色

（5）下列树种都属于秋叶树类，在秋天叶子变为红色的是（　　）。

    A．鸡爪槭　　　　　　B．银杏　　　　　　　C．黄栌　　　　　　　D．金钱松

（6）下列园林植物中，不是红色花系的是（　　）。

    A．山茶　　　　　　　B．杜鹃　　　　　　　C．一串红　　　　　　D．迎春

（7）下列植物中哪个属于蓝色系花?（　　）

    A．向日葵　　　　　　B．黄菖蒲　　　　　　C．萱草　　　　　　　D．二月兰

（8）花坛按空间位置可以分为三类，下列哪一个不是?（　　）

    A．造型花坛　　　　　B．平面花坛　　　　　C．斜面花坛　　　　　D．立体花坛

（9）园林植物是园林中作观赏、组织、分隔空间、装饰、庇荫、防护、覆盖地面等用途的（　　）。

    A．木本或草本植物　　B．草坪　　　　　　　C．园路

（10）要创造丰富多彩的植物景观，首先要有丰富的（　　）。

    A．植物材料　　　　　B．水景　　　　　　　C．园路

（11）（　　）主要展示植物的个体美或群体美，经过对植物的利用、整理、修饰、发挥植物本身的形体、线条、色彩等自然美，创造与周围环境相适宜、协调的景观。

    A．植物造景　　　　　B．园林植物　　　　　C．园路

（12）凡适合各种风景名胜区、休养及疗养胜地和各类园林绿地应用的木本植物称为（　　）。

    A．植物造景　　　　　B．园林树木　　　　　C．植物造景

（13）植物造景生态性原则与植物相关的（　　）有温度、水分、光照、空气、土地等。

    A．生物因子　　　　　B．生态因子　　　　　C．主要因素

（14）具有观赏价值的地被、花灌木和草本植物称为（　　）。

    A．植物造景　　　　　B．花卉　　　　　　　C．草坪

（15）（　　）分为乔木类、灌木类和藤本类。

    A．植物造景　　　　　B．花卉　　　　　　　C．园林树木

（16）按培育空间花卉分为（　　）。

    A．春季和秋季花卉　　　　　　　　　　B．一年生和多年生花卉

    C．露地花卉和温室花卉

（17）园林植物的防护作用主要表现在（　　）。

    A．生态和经济效益　　B．改善气候　　　　　C．保持水土、防风固沙两方面

（18）园林中没有（　　）就不能称为真正的园林。

    A．园路　　　　　　　B．水　　　　　　　　C．园林植物

（19）园林树木的（　　）有树形、叶、花、果实、枝、干、树皮、刺毛、根等。

    A．美学效果　　　　　B．艺术效果　　　　　C．观赏要素

（20）（　　）能创造出各种主题的植物景观。

　　　A．主景　　　　　　B．背景　　　　　　C．后景

（21）乔木在造景中的作用（　　）。

　　　A．是次要的　　　　B．是设计和造景中的基础和主体

　　　C．是主景、背景材料

（22）（　　）作为低矮的障碍物，防止景观破坏，屏蔽视线，引导入流，作为低视点的平面构图要素，与小乔木能一起形成空间和围合空间，还可作绿篱，并能点缀和装饰景观。

　　　A．草本　　　　　　B．藤本　　　　　　C．灌木

（23）（　　）可作为墙面绿化、美化材料，可用来限定道路，覆盖地面，形成群体植物景观。

　　　A．草本　　　　　　B．藤本　　　　　　C．灌木

（24）（　　）主要指由于自然界的植被、植物群落、植物个体所表现的形象，通过人们的感观传到大脑皮层，产生一种实在的美的感受和联想。

　　　A．植物艺术特征　　B．植物景观　　　　C．美学性

（25）（　　）既能创造优美的环境，又能改善人类赖以生存的生态环境。

　　　A．假山　　　　　　B．植物景观　　　　C．草坪

（26）植物营养器官中，（　　）的观赏性主要表现在它的大小、形状、质地和色彩四个方面。

　　　A．叶　　　　　　　B．枝　　　　　　　C．根系

（27）人们欣赏植物大多以外部的（　　）为主，尤以观赏为最多见。

　　　A．树冠　　　　　　B．树高　　　　　　C．形态、姿色

（28）（　　）取材植物景观的手法有按诗歌、画理、生长习性和色、香、姿。

　　　A．现代园林　　　　B．英国园林　　　　C．古典园林

（29）园林中的色彩多以（　　）为基调。

　　　A．红色　　　　　　B．多种色　　　　　C．绿色

（30）植物造景中色彩三原色为（　　）。

　　　A．红、绿、黄　　　B．橙、绿、紫　　　C．红、黄、蓝

（31）植物造景中色彩三补色为（　　）。

　　　A．红、绿、黄　　　B．橙、绿、紫　　　C．红、黄、蓝

（32）桃、杏、梅、月季、石榴等为（　　）花系植物。

　　　A．黄色　　　　　　B．红色　　　　　　C．蓝色

（33）连翘、黄刺玫、黄蔷薇等为（　　）花系植物。

　　　A．黄色　　　　　　B．红色　　　　　　C．蓝色

（34）紫丁香、木兰、醉鱼草等为（　）花系植物。

　　A．黄色　　　　　　B．红色　　　　　　C．蓝色

（35）白丁香、白牡丹、女贞、玉兰等为（　）花系植物。

　　A．黄色　　　　　　B．白色　　　　　　C．蓝色

四、判断题

（1）有些树种生长速度比较慢，全年常绿，这种树要在公园大量运用，对于公园整体和长远规划有帮助。（　）

（2）人们欣赏植物大多以植物的器官为主，尤以观赏为最多见。（　）

（3）情绪感中红色使人热情大方，光明，充满活力，适合于任何场所。（　）

（4）植物景观形态美到意境美是欣赏水平的升华。（　）

（5）花语中松、竹、梅为岁寒三友；梅、兰、竹、松喻为四君子；玉兰、海棠、牡丹、桂花表示玉堂富贵。（　）

（6）植物造景中色彩三原色为橙、绿、紫。（　）

（7）植物造景中色彩三补色为红、黄、蓝。（　）

（8）植物配置时树种最宜选择乡土树种。（　）

（9）圆柏的树形是圆锥形。（　）

（10）垂柳、垂榆的树形是垂枝形。（　）

（11）在园林树木的配置时，只能应用新技术进行合理配置。（　）

（12）应用新技术进行合理配置在园林树木的配置时只是一种补充和完善。（　）

（13）树木开花繁茂，果实累累不是它的个体美体现。（　）

（14）植物的大小、形状、色彩、质感和季相变化等内容，在进行植物配置设计时，必须首先熟悉。（　）

（15）园林树木的观赏要素只有叶、花、果实。（　）

（16）通常不宜单独将季相景色作为园景中的主题。（　）

（17）灌木是设计和造景中的基础和主体，形成景观框架。（　）

（18）红色是园林中色彩的基调。（　）

五、简答题

（1）简述园林植物的观赏功能。

（2）分别写出圆柱形、塔形、垂枝形树种各3种。

（3）列举红叶、黄叶、花叶植物各6种。

（4）分别写出红色花系、黄色花系、蓝色花系和白色花系植物各6种。

（5）举例说明如何创造出四季有景、三季有花的植物景观。

（6）植物形态绘制练习。

六、素材收集、赏析与评价

（1）收集3张体现植物造景形体美的图片，从专业的角度进行赏析与评价。

（2）收集3张体现植物造景色彩美的图片，从专业的角度进行赏析与评价。

（3）收集3张体现植物造景质感美的图片，从专业的角度进行赏析与评价。

（4）收集3张体现植物造景季相美的图片，从专业的角度进行赏析与评价。

（5）收集3张体现植物造景特色美的图片，从专业的角度进行赏析与评价。

（6）收集3张体现植物造景意境美的图片，从专业的角度进行赏析与评价。

任务三　园林植物造景的空间设计 　　　　　　　　 _ □ ×

⊟ 知识要求

1. 理解并掌握园林植物空间构建类型。
2. 解析园林植物构建的不同空间的特点及其应用。

⚐ 技能要求

1. 利用园林植物进行开敞空间、半开敞空间、垂直空间、覆盖空间和密闭空间建造。
2. 利用园林植物进行不同空间的组合与连接。
3. 能够根据不同空间特点选择合适体量、质地的植物。
4. 能在图纸上对园林植物进行正确的立面表达。

👁 能力与素养要求

1. 能够规划好第二课堂，合理管理时间。
2. 具有良好的团队合作精神。

⚒ 工作任务

植物不同空间构建实地考察。在校园内选择由植物构建的不同类型绿地空间，用相机记录，以小组PPT形式汇报植物空间营造功能在实际生活中的表现，利用图示、照片等进行分析说明。

📖 知识准备

植物除了本身可以作为绿化美化材料外，其在空间建造中也发挥着重要的作用。在植物造景设计中，首要研究因素之一便是植物的空间建造功能。其空间建造功能在设计中确定以后，才运用其观赏特性。造园中运用植物组合来划分空间，形成不同的景区和景点，往往根据空间大小，树木的种类、姿态、株数多少及配置方式来组织空间景观。

一、植物空间构建

风景园林师仅借助于植物材料作为空间限制因素，就能建造出许多类型不同的空间。在地平面上，通过不同种类、不同高度的乔木、灌木、地被和草坪植物暗示空间的范围和面积。这时植物虽然不是以垂直面上的实体限制空间，但它确实在较低的水平面上围起了一定范围，暗示了空间边界。运用植物构成空间时，同利用其他设计元素一样，首先要明确空间的性质，然后选取相应的植物通过设计实现目的。需要注意的是落叶树种的封闭程度随季节的变化而不同，常绿树种则能够形成稳定的空间效果。通过植物建造的空间主要有以下几种类型。

1. 开敞空间

开敞空间是指在一定的区域范围内，人的视线高于四周景物，放眼望去，景观一览无余，视线开阔，如大面积空阔草坪。一般通过低矮的灌木、草本花卉、地被和草坪植物进行设计。面积较大的开阔草坪上，点缀几株高大乔木，并不阻碍人们的视线，也属于开敞空间，但在小庭园中，由于面积较小，视距较短，四周围墙和建筑高于视线，即使非常开阔的配置形式也不能形成有效的开敞空间。开敞空间图例如图1-3-1至图1-3-4所示。

特点：外向性、交流性、视野开阔、放松感。

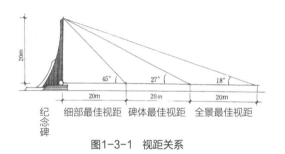

图1-3-1　视距关系

图1-3-2　空间构建（空旷感）

图1-3-3　开敞空间

图1-3-4 开阔大草坪——美国纽约中央公园

2. 半开敞空间

半开敞空间是指在一定的区域范围内，部分视角植物遮挡了人的视线，视线一面开敞一面受阻。根据景观和功能需要，遮挡的范围有大有小，也可借助地形、山石、建筑等园林要素共同完成。半开敞空间不仅限制了人的视线，达到"障景"的效果，同时也引导人的视线，为实现设计目的做铺垫。半开敞空间图例如图1-3-5和图1-3-6所示。

特点：半公开、半私密、半交流性。

图1-3-5 半开敞空间示意图

图1-3-6 半开敞空间

3. 覆盖空间

覆盖空间也叫冠下空间，处于地面和树冠下的空间。覆盖空间通常位于树冠和地面之间，立面通透，通过浓密的树冠营造空间感。分枝点较高的乔木是形成覆盖空间的良好材料，具有很好的遮阴效果，为人们提供舒适、凉爽的休憩空间。覆盖空间图例如图1-3-7和图1-3-8所示。

特点：安静、温馨、舒适、通透。

图1-3-7　覆盖空间示意图

图1-3-8　覆盖空间

4. 垂直空间

　　垂直空间是指在一定的区域范围内，两侧垂直面用植物材料封闭，顶面开敞，上部和前方的视线较开阔，极易产生"夹景"的效果，突出轴线末端的景观，狭长的垂直空间还有引导游人路线、加深空间感的作用。

　　分枝点较低、树冠紧凑的小乔木及修剪整齐的高绿篱都适合构成垂直空间。如纪念性园林中，园路两边常栽植松柏类植物，人在垂直空间中走向目的地瞻仰纪念碑，有利于产生庄严、肃穆的崇敬感。垂直空间图例如图1-3-9至图1-3-11所示。

　　特点：视觉引导，神秘、紧张等。

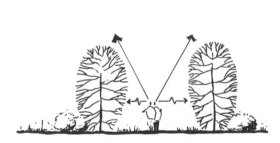

图1-3-9　垂直空间示意图

图1-3-10　垂直空间

图1-3-11　垂直空间（突出末端景观）

5. 封闭空间

封闭空间指由基面、竖向分隔面和覆盖面共同构成的空间，通常利用乔木树冠形成的覆盖面隔离向上的视线，同时林下灌木对向下的视线也产生阻挡，人的四周均被植物围合，形成视线的封闭。人的视距缩短，视线受到制约，近景感染力加强，容易产生亲切感和宁静感。封闭空间图例如图1-3-12和图1-3-13所示。

小庭园的植物配置宜采用这种较封闭的设计手法。在一般绿地中，这样的小尺度空间私密性较强，适宜于人们独处和安静休息。

特点：私密性强，内向、宁静、厚重。

图1-3-12 封闭空间示意图

图1-3-13 封闭空间

二、空间的组合与序列

风景园林师除了能用植物材料建造出别具特色的空间外，也能用植物构成相互联系的空间序列。植物就像一扇扇门、一堵堵墙，引导游人进出和穿越一个个空间。在发挥这一作用的同时，植物一方面改变空间顶平面的遮盖，一方面有选择性地引导和阻止空间序列的视线。

利用植物能有效地"缩小"或"扩大"空间，形成欲扬先抑的空间序列。设计师在不变动地形的情况下，利用植物来调节空间范围内的所有方面，从而能创造出丰富多彩的空间序列，如图1-3-14至图1-3-18所示。

图1-3-14 植物构成和连接空间序列示意图

图1-3-15 植物构成和连接空间序列

图1-3-16　利用植物进行建筑空间拓展

图1-3-17　不同体量、密度的园林植物形成限制空间开
合的界面

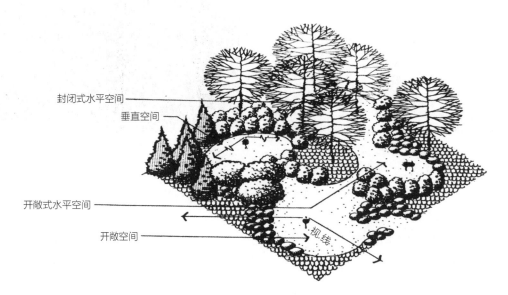

图1-3-18　植物构成和连接空间序列

　　在现代园林中，使用植物分隔空间可以不受任何约束。几个不同大小的空间可以通过群植、列植的乔木或者灌木来分离，使空间层次和意境得到加深。在规则式园林中通常利用植物做成几何图形来划分空间，使空间显得整洁明亮。绿篱是应用最广泛的分隔空间的形式，不同形态、不同高度的绿篱可以实现多个空间分隔效果。不同植物的空间组合和渗透，也需要不同的指导方式，给人以心理暗示。

三、空间的渗透与流通

　　园林植物通过树干、树枝和树叶形成一种限制空间的界面，通过在不同密度的界面结合在一起，加入透视效果，形成围合感和透视感参差交错的空间，人们来往其中，会产生兴奋和新鲜的感觉。相邻空间之间的半开敞、半闭合和空间的连续、循环等，使空间的整体富有层次感和深度感。

一般来说，植物布局应注意疏密有致。在可以借景的地方，应该稀疏地种植树木，树冠上方或下方要保持透视，使空间景观互相渗透。园林植物以其柔和的线条和多变的造型，往往比其他的造园要素更加灵活，具有高度的可塑性，一丛竹、半树柳，夹径芳林，往往就能够造就空间之间含蓄、灵活、多变的互相掩映、穿插与流通。

四、植物与建筑搭配形成不同空间

植物还能改变由建筑物所构成的空间。植物主要的作用是将各建筑物所围合的大空间再分割成许多小空间。从建筑角度而言，植物可以被用来完善由楼房建筑或其他设计因素所构成的空间范围和布局，也可美化建筑外立面景观，如图1-3-19至图1-3-21所示。

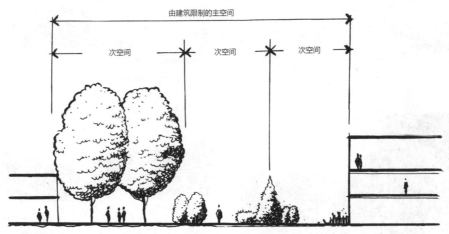

图1-3-19 利用植物对空间进行分隔示意图

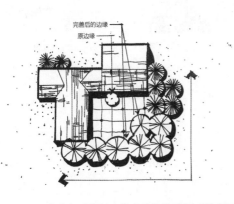

图1-3-20 植物与建筑结合改变建筑物所构成的空间

图1-3-21 植物围合成的建筑物院落空间

五、植物与地形结合形成不同空间

地形的高低起伏增加了空间的层次和变化。在垂直面上，植物能与高低起伏的地形结合，增加空间的变化，也易使人产生新奇感。植物与凸地形、凹地形的结合，既可强调地形的高低起伏，也可弱化地形的变化。在地势较高处种植高大乔木，可以使地势显得更加高耸。植于凹处，可以使地势趋于平缓。在园林景观营造中，可以应用这种功能巧妙配置植物材料，形成或起伏或平缓的地形景观，与人工地形改造相比，事半功倍。植物与地形结合图例如图1-3-22至图1-3-24所示。

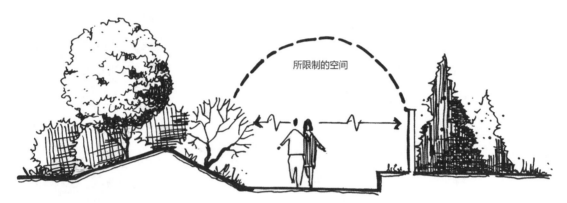

图1-3-22　依靠地形的变化强调空间的私密性

图1-3-23　依靠地形的变化强调空间的围合感

图1-3-24　利用下沉地形制作的纪念性景观

六、绿篱、绿墙、藤本空间建造

绿篱是应用最广泛的分隔空间的形式，不同形态、不同高度的绿篱可以实现多个空间分隔效果。高大的绿篱形成绿墙，在空间隔断上效果更明显，如图1-3-25所示。在植物造景设计中，可利用高于人视线的绿篱或绿墙设计趣味植物迷宫。

藤本植物也可借助栏杆、棚架等起到空间建造、隔断或遮盖作用，如图1-3-26所示。

图1-3-25 高大的绿篱围合的空间

图1-3-26 藤本植物分隔空间

任务实施

（1）选择校园或周边绿地进行实地考察，用照片记录植物建造出的5种主要空间类型。

（2）选一小块具有2种或以上空间的绿地进行平面图绘制，应用图示进行表达。

（3）以小组形式完成一份PPT，汇报植物的空间建造、不同空间的连接与流通等。

教学效果检查

（1）你掌握了园林中的几种主要空间类型吗？

（2）你了解植物与建筑建造空间的区别吗？

（3）你可以图示园林植物的几种空间吗？

（4）针对庭院，你能应用植物进行不同空间建造与连接吗？

（5）本学习任务完成后，你还有哪些问题需要解决？

思考与练习

一、名词解释

（1）开敞空间

（2）覆盖空间

（3）垂直空间

二、选择题

（1）园林植物是指园林中作为观赏、组织及分隔空间、装饰、庇荫、防护、覆盖地面等
用途的（   ）。

　　A．木本或草本植物　　　B．草坪　　　　　　　　C．园路

（2）疏林结构和通风结构的防护距离与紧密结构相比（   ）。

　　A．小　　　　　　　　　B．大　　　　　　　　　C．一样

（3）利用植物材料安排视线有（   ）。

　　A．引导和遮挡两种　　　B．全部遮挡、漏景　　　C．主景、背景

（4）下列哪种植物喜欢荫蔽环境？（   ）

　　A．桃　　　　　　　　　B．梅　　　　　　　C．三角梅　　　　　D．海芋

三、判断题

（1）自由活泼环境的植物配置应富于变化。　　　　　　　　　　　　　　　（   ）

（2）空阔环境的植物配置应集中，忌散漫。　　　　　　　　　　　　　　　（   ）

（3）疏林结构和通风结构的防护距离比紧密结构的要小。　　　　　　　　　（   ）

四、简答题

（1）简述园林植物建造空间的几种类型及其特点。

（2）举例说明植物与建筑搭配形成不同空间。

五、素材收集、赏析与评价

（1）收集3张体现植物造景开敞空间的图片，从专业的角度进行赏析与评价。

（2）收集3张体现植物造景半开敞空间的图片，从专业的角度进行赏析与评价。

（3）收集3张体现植物造景垂直空间的图片，从专业的角度进行赏析与评价。

（4）收集3张体现植物造景覆盖空间的图片，从专业的角度进行赏析与评价。

（5）收集3张体现植物造景密闭空间的图片，从专业的角度进行赏析与评价。

模块二

园林植物造景
基本设计方法
与实践

任务一   园林植物造景的方法与应用   _ ▢ ×

📋 知识要求

1. 理解并掌握规则式、自然式和混合式三种造景方式。
2. 列举乔木、灌木的孤植、对植、列植、丛植、群植设计要点。

📐 技能要求

1. 能够根据不同空间需求确定植物配置方式。
2. 能够用图示表达乔木、灌木3~5株丛植的配置技法。
3. 能对乔木、灌木进行孤植、对植、列植、丛植、群植应用设计。

⚖ 能力与素养要求

1. 能自主进行拓展学习，增强自学能力。
2. 具有较强的对知识归纳、总结的学习能力。
3. 技法的表达和设计的实施中要有工匠精神，精益求精。

🔧 工作任务

中国传统园林实地考察。选择本地或周边有名的传统园林进行实地考察，要求以照片、图纸、文字形式记录园林植物造景方式，查阅资料，完成植物不同种植方式的分类。设计并制作简单植物组团，重点掌握3~10株同类、不同类植株的搭配。

📖 **知识准备**

一、植物造景的方式

园林植物造景按其方式分为规则式、自然式和混合式。规则式配置多以轴线对称，成行、成排种植，有强烈的人为感、规整感。自然式配置以模仿自然、强调变化为主，具有活泼、愉快、典雅的自然情调。

（一）规则式

法国、意大利、荷兰等西方发达国家的古典园林中，植物景观常常采用规则式，代表有法国凡尔赛宫花园。西方早期的古典园林崇尚装饰性的外来植物，以规则式园林形式为特色。

1．规则式植物造景

规则式植物造景，强调的是人的意志，园林中的植物常常被强行修剪成各种几何形态，较自然式的园林不同，规则式植物造景体现权威和仪式感。

2．规则式植物造景的布局

形式上追求规则、中轴线和气势雄伟，规模宏大，与规则式建筑的线条、外形乃至体量协调一致，是西方国家文化及造园方式的一种体现。

如用欧洲紫杉修剪成又高、又厚的绿墙，与古城堡的城墙非常协调；植于长方形水池四角的植物也常被修剪成正方形或长方形；锦熟黄杨常被剪成各种模纹或成片的绿毯；尖塔形的欧洲紫杉植于教堂四周；甚至一些行道树的树冠都被剪成几何形体。

3．规则式植物造景的特点

规则式的植物景观具有庄严、肃穆的气氛，常给人以雄伟、整齐的气魄感，如图2-1-1和图2-1-2所示。

图2-1-1　规则式园林的代表——法国凡尔赛宫

图2-1-2　修剪整齐的行道树——法国香榭丽舍大街

西方园林植物景观从规则式发展到现代的以倡导生态和人文相结合的植物景观，经历了数百年的时间。除了创造优美舒适的环境，更重要的是创造适合于人类生活所要求的生态环境。

4. 常见规则式的应用

（1）对植。对植是指两株或两丛相同或相似的树，按照一定的轴线关系，做相互对称或均衡的种植方式。

①对植的功能：对植常用于建筑物前、广场入口、大门两侧、桥头两旁、石阶两侧等，起烘托主景的作用，给人庄严、整齐、对称和平衡的感觉，或形成配景，以增强透视的纵深感，对植的动势向轴线集中。

②对植树种选择：对植多选用树形整齐优美、生长缓慢的树种，以常绿树为主，但很多花色、叶色或姿态优美的树种也适于对植。常用的有松柏类、南洋杉、云杉、大王椰子、假槟榔、苏铁、桂花、白玉兰、广玉兰、香樟等，或者选择整形或人工造型的树种，如罗汉松等。

（2）列植。列植是乔木或灌木按照一定的株距成行栽植的种植形式，有单列、双列、多列等形式。列植形成的景观比较整齐、单纯、气势庞大、韵律感强，如行道树、树阵、绿篱、防护林带就是其应用形式，如图2-1-3和图2-1-4所示。

①列植的功能：列植在园林中可发挥连接、隔离、屏障等作用，可形成夹景或障景，多用于公路、铁路、城市道路、广场、大型建筑周围、防护林带、水边，是规则式园林绿地中应用最多的基本栽植形式。

②列植的树种选择：列植宜选用树冠体形比较整齐、枝叶繁茂的树种，如圆形、卵圆形、椭圆形等树冠。道路边树种的选择上要求有较强的抗污染能力，在种植上要保证行车、行人的安全，还要考虑树种生态习性、遮阴功能和景观功能等。常用的树种中，大乔木有油松、圆柏、银杏、国槐、白蜡、悬铃木、香樟、臭椿、合欢、榕树等；小乔木和灌木有圆柏、侧柏、丁香、红瑞木、黄杨、月季、木槿、石楠等。绿篱多选用福建茶、黄金叶、红继木、黄榕、九里香、米仔兰、大叶黄杨、雀舌黄杨、金边黄杨、红叶石楠、小檗、金叶女

图2-1-3　乔木列植

图2-1-4　树阵广场

贞、黄刺玫、小叶女贞、石楠等。

③列植栽植要求：株行距大小取决于树的种类、用途和苗木的规格以及所需要的郁闭度。一般情况下，大乔木的株行距为5～8m；中、小乔木的株行距为3～5m；大灌木的株行距为2～3m；小灌木的株行距为1～2m。

（3）辐射对称。包括中心、单环、双环、半环等栽植形式，也可以使用多角形、多边形等，多应用于花坛或草本植物的装饰，如图2-1-5所示。

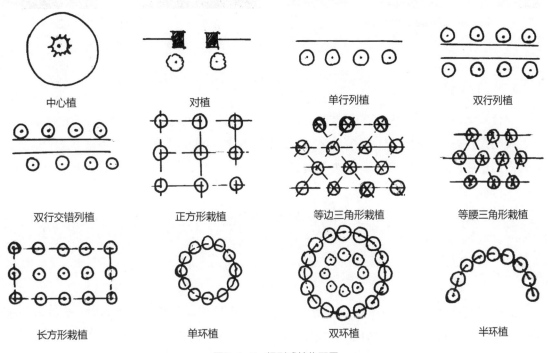

图2-1-5　规则式植物配置

（二）自然式

自然式的植物配置是模拟自然森林、草原、草甸、沼泽等景观及农村田园风光，结合地形、水体、道路来组织植物景观，使其达到和谐、天人合一的境界。体现植物自然的个体美及群体美，从宏观的季相变化到枝、叶、花、果、刺等细部的欣赏。随着经济飞速发展，人们向往自然，追求丰富多彩、变化无穷的植物美，于是在植物造景中提倡自然美，创造自然的植物景观已成为新的潮流。植物景观除了供人们欣赏自然美之外，人们更为重视的是植物所产生的生态效应。

自然式配置以不规则的株行距配置成各种形式，构图上讲究不等边三角形的构图原则。主要代表作有中国古典园林、英国自然式风景园林、日本枯山水。

英国谢菲尔德公园（图2-1-6和图2-1-7）内有4个湖面，遍植各种不同体形、色彩的乔木、灌木及奇花异卉，在介绍公园的导游小册子中就明确指出该园不是为欣赏喷泉、建筑等园林设施，主要是让游人欣赏植物景观。

图2-1-6　英国谢菲尔德公园（1）

图2-1-7　英国谢菲尔德公园（2）

（三）混合式

混合式是规则式与自然式相结合的方式，通常用于群体植物景观中。混合式植物造景吸收了规则式和自然式的优点，既有整洁清新、色彩明快的整体效果，又有丰富多彩、变化无穷的自然景色；既有自然美，又有人工美。

二、园林植物的配置方法

（一）孤植

孤植树又称独赏树、标本树或园景树，是指乔木或灌木的孤立种植类型。但并非只能栽种一株树，也可以将2～3株同一树种紧密地种在一起（必须是同一树种且栽植距离小于1m），形成一个单元。孤植在园林中是为了体现个体美，作主景或为构图需要而种植，常布置在空旷地或作局部空间的观赏主景，或者起蔽荫作用做配景。

1．园林功能

孤植是中西方园林中广为采用的一种自然式种植形式，在设计中多处于绿地平面的构图中心或构图的自然重心上而成为主景，也可起引导视线的作用，并可烘托建筑、假山或水景，具有强烈的标志性、导向性和装饰作用。如选择得当、配置得体，孤植树可起到画龙点睛的作用。

（1）作为园林景观中的焦点。如果一棵树位于一个相对来说比较开阔和大的空间，那么设计者的意图就是想展示这棵树整体的美，因而应该考虑合适的观赏距离。理想的观赏距离应该是树高度的4～10倍。

（2）遮挡园林建筑。

（3）装饰园林空间。

（4）创造树荫。

（5）作为园林空间转换的节点。例如桥的尽头、园林小径的开端、水池边缘的转角处，同样是作为园林景观的陪衬物或者是焦点。

2. 树种选择

孤植树作为景观主体、视觉焦点，一定要具有与众不同的观赏效果。适宜作孤植树的树种，一般需树木高大雄伟，树形优美，具有特色，且寿命较长，通常具有美丽的花、果、树皮或叶色的种类。因此，在选择树种时，可以从以下几个方面考虑：

（1）树形高大，树冠开展。如细叶榕、国槐、悬铃木、银杏、油松、合欢、香樟、无患子等，这些树有非常大的散开的树冠和粗大树干，显得雄伟、繁茂。

（2）姿态优美，寿命长。如雪松、白皮松、金钱松、圆柏、鸡爪槭、垂柳、龙爪槐、蒲葵、椰子、海枣等，雅致和漂亮的形态和姿态，枝条的线条让人愉悦。

（3）开花繁茂，芳香馥郁。如凤凰木、木棉、白玉兰、樱花、广玉兰、栾树、桂花、梅花、海棠、紫薇等。

（4）硕果累累。如绿化杧果、树菠萝、铁冬青、木瓜、柿、柑橘、柚子、枸骨等。

（5）彩叶树木。如枫香、黄栌、银杏、乌桕、元宝枫、五角枫、三角枫、鸡爪槭、白桦、紫叶李等。

本土性是选择孤植树木的一项重要因素。如果不用本土的物种，也许就不能得到想要的那种巨大的发散状的树冠效果。比如杨树在中国的东北地区可以有想要的树冠，但是在北京它的树冠却不是想要的样子，在中国的东部地区它甚至会长成灌木。梧桐在中国的东部会长得很高大，甚至会有一个直径达15m的树冠，但是如果种在北京，它就只会长成一株小树，如果把它种在更加寒冷的地区，比如沈阳，它就只长成灌木的大小。

一棵孤植树是一株孤立种植植物，因此，那些需要高湿度或者阴性树木并不适合用作孤植。例如落叶松、红松是阴性植物，并且需要较高的空气湿度，如果把它们用作孤植，它们不可能长得很好，甚至可能不能存活。这些种类的植物需要在具有较高湿度以及荫蔽的森林环境下生长。

3. 孤植树布置场所

孤植树往往是园林构图的主景，规划时位置要突出。孤植的树木不应该位于园林的几何中心，它应该位于园林的自然中心，去平衡其他的园林要素或者与其他园林要素对应。

孤植树种植的地点要求比较开阔，不仅要保证树冠有足够的空间，而且要有比较合适的观赏视距和观赏点，让人有足够的活动场所和恰当的欣赏位置。一般适宜的观赏视距应超过树木高度的4倍。最好还要有像天空、水面、草地等自然景物作背景衬托，以突出孤植树在形体、姿态等方面的特色。

（1）开敞的大草坪或林中空地构图的重心上。开敞的大草坪是孤植树定植的最佳地点。

（2）开阔的水边。孤植树利用水面作为背景，游人可以在树冠的庇荫下欣赏远景或活动，孤植树下斜的枝干自然也成为各种角度的框景。

（3）可眺望远景的山顶、山坡。可以丰富园林景观的轮廓。

（4）小空间之中。孤植也可以运用在近距离观赏的小空间之中或者作为庭院的主题。孤植树应该避免出现在庭院的中央，应该靠近角落。它的高度和叶子的密度应该与庭院的大小相匹配。

4. 孤植树设计注意事项

设计孤植树时，应当先充分利用生长在原场地上的大树或古树。如果场地上有一棵几十或上百年树龄的大树，应该利用这一有利的自然条件进行组织，可将场地现存的大树作为孤植树设计。这是对场地最好的利用方式，可以为设计师节省出大量的时间来完成其艺术性的效果。孤植树设计如图2-1-8至图2-1-12所示。

图2-1-8　在开敞草坪上单株孤植树木可以作为标准树

图2-1-9　孤植银杏

图2-1-10　孤植七叶树

图2-1-11　小场地里的孤植树

图2-1-12　孤植小叶榕

（二）丛植

丛植是由两株到十几株同种或异种乔木或灌木组合种植而成的种植类型。丛植是园林绿地中重点布置的种植类型，是组成园林空间构图的骨架，在园林绿地中运用广泛。丛植主要反映小规模群体植物的形象美（群体美）。

1. 丛植的功能

丛植是自然式园林中常用的方法之一，它以反映树木的群体美为主，这种群体美又要通过个体之间的有机组合与搭配来体现，彼此之间既有统一的联系，又有各自的形态变化。在空间景观构图上，丛植常作局部空间的主景或配景、障景、隔景等，还兼有分隔空间和遮阴的作用。

（1）作为局部空间的观赏主景。常布置在大草坪的中央、水边、土丘等地作为主景。丛植还可以布置在园林绿地出入口、园路的交叉口和转弯处，引导游人按设计路线欣赏园林景观。

（2）作为园林建筑的背景或配景。在这种情况下，园林建筑是空间主体或中心。植物应该围绕建筑种植，并且应该与建筑保持不同的距离。植物的布局应该维持均衡，但是避免严格的对称。例如，拙政园的雪香云蔚亭，那里有一些高大的树木包围着楼阁，其中一些远离楼阁，一些又靠得很近。它们不是对称的布局，它们的尺寸、距离和位置都经过仔细考量，彼此之间维持均衡与稳定。丛植可用在雕像后面，作为背景和陪衬，烘托景观主题，丰富景观层次，活跃园林气氛。

（3）庇荫、诱导、分隔空间、装饰园林空间等。如果丛植的目的是提供阴凉，那么高大并且树冠伸展的树木会很合适，最好它们是同种树木。如果丛植中的植物是用于欣赏，那它们可以是乔木和灌木的组合。运用写意手法，几株树木丛植，姿态各异，可形成一个景点或构成一个特定空间。

2. 丛植树种选择

在丛植中，设计师可以运用相同种类的树木，或者根据不同情况使用不同种类的树木。以遮阴为主要目的的树丛常选用乔木，并多用单一树种，如香樟、仁面子、榉树、国槐，树丛下也可以适当配置耐荫花灌木。以观赏为目的的树丛，为了延长观赏期，可以选用几种树种，并注意树丛的季相变化，最好将春季观花、秋季观果的花灌木以及常绿树配合使用，并可以于树丛下配置耐荫地被。

3. 丛植树种的设计要点

一方面，丛植的种植形式强调统一的本质，设计师应该考虑其整体美，这种整体美又是通过植物个体之间的有机组合与搭配来体现的。另一方面，设计师也应该在统一的构成里注意表达每一株植物的个体美。丛植应区别于大面积种植。

应注意当地的自然条件和总的设计意图，掌握树种个体的生态习性、个体与主景的相互影响、与周围环境主景的关系等，保持树丛的稳定，才能达到理想效果。丛植从植株数量上可以分为两株配置、三株配置、四株配置、五株配置等造景形式。

（1）两株配置。两株配置可分为规则式和自然式配置。自然式配置中，两株树必须既有调和又有对比，使两者成为对立的统一体。两株配置首先必须有通相，即采用同一种树或外形相似树种；同时，两株树必须有殊相，即在姿态、大小动势上有差异，这样才可以保证它们生动地结合在一起。

两棵同种类的植物种在一起将很容易达到协调，但是如果它们的尺寸和形状都非常相似，效果将会非常呆板（图2-1-13）。如果一棵树种植在较高的地面，另一棵应该种在相对较低的地方。如果一棵树有相对笔直的树干，另一棵应该有相对弯曲的树干。如果一棵树有平坦的顶部轮廓，另一棵应该有变化的轮廓。在两棵树结合的类型中，它们的分枝应该有一些对比。相同的原则也适用于多棵树结合的类型。

拙政园玉兰堂的场地上有两棵树，一棵大，一棵小，大的那棵是白玉兰，作为场地中主要欣赏的对象，小的那棵是桂花，作为一个陪衬的角色。两棵树的距离比其中那棵较小树冠的半径要大，但是它们仍然可以形成统一，因为它们位于同样的被高墙围绕的小场地之中。因此，它们被认为是一个群体中的两棵树，而非两棵单独种植的植物。

一般种植两棵差别太大的树将会失败，如图2-1-14所示。例如一棵乔木和一棵灌木或者一棵垂柳和一棵柏树种在一起，美学效果不会太好，如图2-1-15所示。因此，必须确保两棵树彼此协调，然后考虑它们之间的对比，如图2-1-16和图2-1-17所示。

（2）三株配置。三棵树可以是相同种类，也可以是不同种类。当三棵树丛植时，应该在尺寸、姿态以及形状上有对立与统一，如图2-1-18至图2-1-20所示。

①相同树种：三棵树是相同种类，体量上有大有小。

②不同树种：如果是两种树，外观要相似，它们的组合才会和谐。要么都是常绿类的，要么都是落叶类的；要么都是乔木类的，要么都是灌木类的。三棵树不应该是3种不同的种类，除非它们有相似的外观。

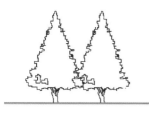

图2-1-13　体形姿态相同则效果呆板

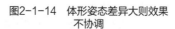

图2-1-14　体形姿态差异大则效果不协调

图2-1-15　树种不同但动势和谐

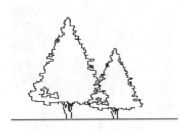

图2-1-16　不同体量搭配和谐

图2-1-17　两株配置

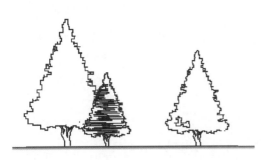

图2-1-19　三株配置（1）

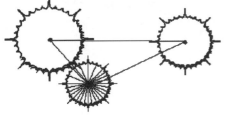

图2-1-18　三株配置示例

图2-1-20　三株配置（2）

　　③构图：三株树的平面构图应为不等边三角形，不能在同一直线上或等边三角形。三株树的配置分成两组，数量之比是2∶1。较大的一棵和较小的一棵构成一组，中间一棵稍微远离前面两棵，且形成另一组。单株成组的树木在体量上不能最大，以免失衡。

　　下列情况应该避免：三棵树沿一条直线种植；三棵树形成一个等边三角形；大的那一棵形成一个小群，中等的和小的两棵形成另一个小群；两个小群由不同种类和尺寸的树木组成，而且几乎没有相似点。

　　（3）四株配置。四棵树在群体中应只有一个或者两个种类，不可超过两种，除非不同的

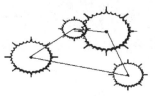

图2-1-21　四株配置（1）

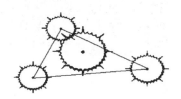

图2-1-22　四株配置（2）

图2-1-23　四株配置（3）

种类具有很相似的外观。对于四棵树的组合类型，可以分为两个组。一个由三棵树构成，另一个由一棵树构成，最大的那一棵应该在三棵那个组里，而且组内应该有一些对比的地方。一棵树的组应该由第二大或者第三大的那棵树构成。四株配置如图2-1-21至图2-1-23所示。

①相同树种：如果四棵树是相同树种，它们应该在形状、姿态、尺寸、高度以及彼此间的距离上有差别。

②不同树种：四株配置最多为两种树，并且同为乔木或灌木。

③构图：四棵树的平面构图应为不等边三角形或不等边四边形，构图上遵循非对称原则，四株树木的配置分两组，数量之比为3∶1，切忌2∶2，体量上有大有小。单株成组的树木既不能为最大，也不能为最小。最大树应在三株一组中，并位于整个构图的重心附近，不宜偏置一侧。

下列情况应该避免：四棵树形成一个正方形、一条直线或者一个等边三角形；四棵树被分成像下面情况的两个组：一组由三棵小树构成，另一组由一棵大树构成；或者一组由三棵大树构成，另一组由一棵小树构成。四棵树被分成两个两棵等距、等大的组。四棵树有太相似的尺寸和姿态。把同种类的三棵树分到一组，另一类分到另一组。

（4）五株配置。五棵树在一个群体中可以是一个种类，都是常绿树木、落叶树木或灌木。在这种情况下，形状、姿态、尺寸和彼此间的距离都应该不同。五株配置如图2-1-24至图2-1-26所示。

①相同树种：五棵树配置分2组，数量之比为4∶1或3∶2。体量上有大有小，数量之比为4∶1时，单株成组的树木在体量上既不能为最大，也不能为最小。数量之比是3∶2时，体量最大一株必须在三株一组中。

②不同树种：五株配置最多为两种树，并且同为乔木或灌木。

③构图：五株树平面构图的基本布局为不等边三角形、不等边四边形和不等边五边形。五株配置可分成两组，数量之比为4∶1或3∶2，两个组不应该彼此距离太远，它们的移动趋势应该相互关联。如果树种之比是4∶1，单株树种的树木在体量上既不能为最大，也不能为最小。最大树不能单独成组，应在四株一组中。如果树种之比为3∶2，两株树种的树木应分

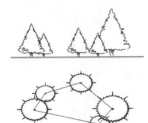

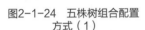

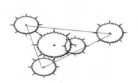

图2-1-24 五株树组合配置
方式（1）　　　　图2-1-25 五株树组合配置
方式（2）　　　　图2-1-26 五株配置

散在两组中，体量大的一株应该是三株树种的树木。

忌五棵树形成一条直线、等边五边形。如果五棵树是两个不同的种类，则要分成两个种类完全不同的组。

（5）六株或者更多树的组合。六株或以上组合实际上就是两株、三株、四株、五株几个基本形式的相互合理组合。6～9株树木的配置，其树种数量最好不要超过两种，15株以下的树木配置，其树种数量最好不要超过3种。九株配置如图2-1-27所示。

图2-1-27 九株配置（7法桐+2合欢）

组成一个群体的树越多，它们的组合就越复杂。但是可以打破群体变成几个组，利用更少树木的组合原则进行设计。利用地被或小灌木将两组树群连成一个整体，使不同组、无联系的植物产生视觉上的联系，从而使植物组合产生丰富的变化，如图2-1-28至图2-1-32所示。

丛植种植设计中应注意的问题：

①树丛应有一个基本的树种，树丛的主体部分、从属部分和搭配部分清晰可辨。

②树木形象的差异不能过于悬殊，但又要避免过于雷同。树丛的立面在大小、高低、层次、疏密和色彩方面均应有一定的变化。

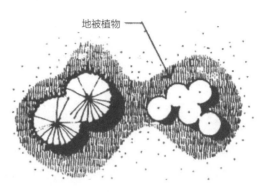

图2-1-28　两组植物在视觉上无联系使布局分离　　　图2-1-29　地被将两组植物连成一个整体

（a）布局分裂呈现两个分隔的群体

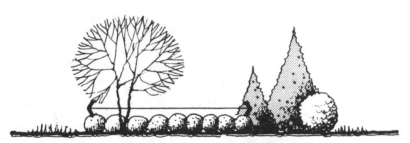

（b）小灌木从视觉上将两部分连接成统一整体

图2-1-30　不同品种、多株植物配置

图2-1-31　灌木将多株乔木连接成整体

图2-1-32　分隔的群体

③种植点在平面构图上要达到非对称均衡，并且树丛的周围应给观赏者留出合适的观赏点和足够的观赏空间。

④同孤植树一样，树丛也要选择合适的背景。比如在中国古典园林中，树丛常以白色墙为背景；树丛为彩叶植物组成时，则背景可以采用常绿树种，在色彩上形成对比。

（三）群植

由二三十株以上至数百株的乔木、灌木成群配置时称为群植，树群可由单一树种组成，也可由数个树种组成。

1. 群植的功能

群植所表现的主要为群体美，观赏功能与丛植相似，在园林中可作为背景用，在自然风景区中可做主景。

2. 群植的类型

（1）单纯树群。单纯树群由一种树木组成，为丰富其景观效果，树下可用耐荫地被，如玉簪、萱草、麦冬、常春藤、蝴蝶果等。单纯树群如2-1-33所示。

（2）混交树群。混交树群具有多重结构，层次性明显，水平与垂直郁闭度均较高，为群植的主要形式，可分为5层（乔木、亚乔木、大灌木、小灌木、草本）或3层（乔木、灌木、草本）。与纯林相比，混交林的景观效果更为丰富。混交树群如图2-1-34所示。不同材料植物相互衔接、重叠、混合，如图2-1-35至图2-1-38所示。

3. 设计要点

群植应布置在有足够面积的开敞场地上，如靠近林缘的大草坪、宽广的林中空地，水中的小岛上、宽广水面的水滨、小山的山坡、土丘上等，其观赏视距至少为树高的4倍、树群宽度的1.5倍以上。

值得一提的是英国园林设计师在设计植物景观时有一个观点，那就是"没有量就没有美"，强调大片栽植，绿量充足，当然这与欣赏植物个体美并不矛盾。

图2-1-33　单纯树群

图2-1-34　混交树群

图2-1-35　不同的植物材料相互衔接

图2-1-36　不同植物群落相互重叠与混合

图2-1-37　水边的法桐和垂柳

图2-1-38　草坪边的不同植物材料相互衔接

（四）林植

成片、成块地大量栽植乔木、灌木称为林植，在园林中可充当主景或背景，起空间联系、隔离或填充作用。此种配置方式多用于风景区（图2-1-39）、森林公园、疗养院、大型公园（图2-1-40）的安静区及卫生防护区等。

风景林可保护和改善环境气候，维持环境生态平衡，满足人们休息、游览与审美要求，适应对外开放和发展旅游事业的需要，生产林副产品等。

图2-1-39　景区里的林植

图2-1-40　大型公园的林植

任务实施

（1）选择中国优秀传统园林绿地进行实地考察，用照片、文字记录对园林植物景观类型及风格的体会。

（2）查阅、收集中国传统园林及西方传统园林植物景观风格上的特点及相应的植物景观类型的体现。

（3）结合实地考察所得与所收集的资料，撰写1000字左右的论文，谈谈对园林植物景观类型及风格的体会。

教学效果检查

（1）你掌握了园林中不同景观风格的造景方式吗？

（2）你了解孤植树一般是些什么类型的树种吗？

（3）你知道孤植树大多用在什么场景吗？

（4）你掌握了自然式配置丛植搭配的核心要点吗？

（5）你认为本学习任务还应该增加哪些方面的内容？

思考与练习

一、名词解释

（1）孤植

（2）丛植

　　（3）群植

　　（4）林植

二、填空题

　　（1）园林树木的配置方式有_____、_____、_____、_____4种。

　　（2）乔木、灌木在植物造景中的应用形式有_____、_____、_____等。

　　（3）植物配置按_____分为孤植、丛植、群植等几种形式。

　　（4）园林植物_____有：孤植、对植、丛植、群植、林植。

　　（5）_____多植于视线的焦点处或宽阔的草坪上、水岸旁。

　　（6）_____具有高大雄伟的体形、独特的姿态、繁茂的花果等个体特征，如雪松、圆柏、樱花等。

　　（7）_____一般布置在突出位置：①开朗大草坪或广场中心；②开阔水边或可以眺望的山顶、山坡；③桥头或自然园路转弯处；④建筑院落或广场中心。

　　（8）树木的_____体现在：体形巨大、树冠伸展、姿态优美、奇特、开花繁茂、果实累累、芳香馥郁、色彩艳人等方面。

　　（9）_____在构图轴线两侧所栽植的互相呼应的园林植物。

　　（10）_____是同种类的树种紧密地种植在一起，树冠紧密连接形成一整体轮廓线的配置。

　　（11）乔木、灌木成群配植时称为_____。

　　（12）_____是较大面积、多株数成片林状的种植，通常有纯林、混交林结构。

三、选择题

　　（1）花境的种植形式属于（　　）。

　　　　A. 规则式　　　　　　B. 自然式　　　　　　C. 混合式　　　　　D. 整齐式

　　（2）孤植树配置应注意的事项是（　　）。

　　　　A. 留出合适的视距　　　　　　　　　B. 选择阴性树种

　　　　C. 树冠规整种类如圆形为主　　　　　D. 功能主要为防护

　　（3）纪念性的园林建筑植物配植常用松柏（　　）。

　　　　A. 自然原则　　　　B. 自然与对称原则　　　　C. 对称规则式

　　（4）要创造完美的植物景观，必须具备（　　）的高度统一。

　　　　A. 科学性和艺术性　　B. 生态和经济　　　　C. 长效和短效

　　（5）植物造景和配置必须"（　　）"。

　　　　A. 因地制宜　　　　　B. 科学发展　　　　　C. 师法自然

　　（6）（　　）是较大面积、多株数成片林状的种植，通常有纯林，混交林结构。

　　　　A. 孤植　　　　　　　B. 丛植　　　　　　　C. 林植

（7）英国园林设计师在设计植物景观时有一个强烈的观点，那就是没有（　　）就没有美。

A. 植物材料　　　　　　B. 量　　　　　　C. 乔木

四、判断题

（1）丛植应尽量选双数，因双数容易将植株看成一个整体。　　　　　　（　　）

（2）混交树群的树木种类越多越好。　　　　　　　　　　　　　　　　（　　）

（3）园林植物对植的形式有两株对植和多株对植。　　　　　　　　　　（　　）

（4）孤植树一般布置在丛林位置。　　　　　　　　　　　　　　　　　（　　）

（5）园林植物配置的形式只有对植、丛植两种形式。　　　　　　　　　（　　）

（6）树木开花繁茂，果实累累不是它的个体美体现。　　　　　　　　　（　　）

（7）较大面积、多株数成片林状的种植，通常有纯林、混交林结构属于群植。（　　）

（8）孤植树多植于视线的焦点处或宽阔的草坪上、水岸旁。　　　　　　（　　）

五、简答题

（1）孤植树一般布置在哪些位置？

（2）分别绘制出同一品种和不同品种（2个）三棵、四棵、五棵树的丛植平面设计图。

六、素材收集、赏析与评价

（1）收集3张体现植物孤植的图片，从专业的角度进行赏析与评价。

（2）收集3张体现植物丛植的图片，从专业的角度进行赏析与评价。

（3）收集3张体现植物群植的图片，从专业的角度进行赏析与评价。

（4）收集3张体现植物林植的图片，从专业的角度进行赏析与评价。

任务二　园林植物造景设计原则与应用

📑 知识要求

1. 掌握植物造景的基本原则。
2. 解析植物造景的美学原理。

📐 技能要求

1. 能够将植物造景基本原则应用到设计实践中。
2. 能够在植物造景设计实践中应用发挥美学原理。

🎖 能力与素养要求

1. 不断提升自己的审美能力、分析能力和创造能力。
2. 能够从美学角度鉴赏优秀园林作品，提升审美能力。
3. 在植物造景中要有文化自信，充分利用与发挥中国古典园林文化的精髓。

🔧 工作任务

国内外优秀园林作品的鉴赏分析。网上查找与收集国内外优秀园林作品，从植物造景基本原则与美学原理应用上进行鉴赏分析，要求照片结合文本记录，以小组PPT形式汇报。

📖 知识准备

完美的植物景观设计必须具备科学性与艺术性两个方面的高度统一，既满足植物与环境在生态适应性上的统一，又要通过艺术构图原理，体现植物个体、群体的形式美及人们在欣赏时所产生的意境美。植物景观中艺术性的创造细腻又复杂。诗情画意的体现需借鉴于绘画艺术原理及古典文学的运用，巧妙地充分利用植物的形体、线条、色彩、质地进行构图，并通过植物的季相及生命周期的变化，使之成为一幅活的动态构图。

一、园林植物造景基本原则

（一）科学性原则

1. 功能性原则

园林植物造景首先应从园林绿地的性质和主要功能出发。不同的园林绿地应满足不同的功能需求，比如街头绿地的主要功能是庇荫、吸尘、隔音、美化等，因此，要选择易活，对土、肥、水要求不高，耐修剪，树冠高大挺拔，叶密荫浓、生长迅速、抗性强的树种作为行道树，同时也要考虑组织交通、市容美观的问题。工厂绿化主要功能是防护，而工厂的厂前区、办公室周围应以美化环境为主，远离车间的休息绿地主要是供休息、放松的地方。烈士陵园，要注意纪念意境的创造等。一些设计合理与不合理的绿地如图2-2-1至图2-2-5所示。

图2-2-1 没有行道树的人行道

图2-2-2 坐凳边植物设计不合理

图2-2-3 高压线下方种植高大乔木不安全

图2-2-4 交叉口植物景观设计存在安全隐患

图2-2-5 坐凳旁的植物配置舒适的空间

2. 生态性原则

各种园林植物在生长发育过程中对光照、温度、水分、土壤、空气等环境因子都有不同的要求，在植物造景时，应满足植物的生态要求，使植物正常生长，并保持一定的稳定性。

（1）适地适树。立地条件与树种特性相互适应，是选择造景树种的一项基本原则。立地条件差的种植示例如图2-2-6所示。造景时要力求适地适树，才能使植物生长良好，表现出应有的魅力和色彩，同时在养护管理上可以减少人力和物力的投入。一方面植物造景时提倡乡土树种的应用，因为乡土植物是在长期演变中形成的地域性植物，具有较强的适应性和抗逆性。另一方面，对引进的植物必须了解原产地与引进地的立地条件、耐寒抗旱性能和发展趋势等。如在南方，常绿花木广玉兰、香樟、含笑、棕榈、南天竹等抗寒性差，在北方栽植必须选择背风向阳之地；金银木、蜡梅、珍珠梅、常春藤等比较耐荫，可以用作背阴面栽种植物等。由于地域差异，移栽不成活的图例如图2-2-7所示。在适地适树的基础上，要选择易成活、便于管理、耐修剪、寿命长、色彩丰富、形态优美、病虫害少、移栽容易、管理粗放的植物种类。配置中要乡土树种与外来树种相结合，增加美化效果，提高景观功能，如图2-2-8所示。

（2）物种多样性。生物多样性是生物和它们所组成的系统的总体多样性和变异性，是促进城市绿地生态系统稳定和生态功能高效的前提。因此，为了使植物能够在生态环境中持续、健康地存在与发展，物种选择必须坚持生物多样性原则，以当地的植物生态系统及乡土

图2-2-6　榕树立地条件差根系无法延展

图2-2-7　北方某市移栽南方小叶榕死亡

图2-2-8　乡土品种造景

植物群落为基础，在重点应用乡土植物的同时，再适当引入已驯化的外来物种作为补充，这样才能体现出物种的多样性和植物景观的多姿多彩，建立相对稳定而又多样的园林植物景观，实现城市生态环境的可持续发展。

（3）植物群落稳定性

考虑植物的生物学特征，注意将喜光与耐荫、速生与慢生、深根性与浅根性等不同类型的植物合理地搭配，在满足植物生态条件的基础上创造优美、稳定的植物景观，如图2-2-9至图2-2-11所示。

图2-2-9　植物群落稳定

图2-2-10　生态植物群落　　　　　　　　　　图2-2-11　稳定性植物群落

（二）艺术性原则

园林设计中，植物造景的最高境界是实现科学性和艺术性的和谐统一。而要实现二者的和谐统一，最重要的是要在植物配置过程中突出艺术性，如图2-2-12和图2-2-13所示。这主要包括以下几个方面：

（1）全面考虑植物形、色、味、声的效果。

（2）考虑四季景色的变化。

（3）从整体着眼，注意平面和立面变化。

（4）主次分明，形式多样。

图2-2-12　北方秋色叶道路景观

图2-2-13　艺术绿雕

（5）借鉴当地植被，突出地方风格。

（6）总体艺术布局上要协调，满足设计立意要求。

（三）经济性原则

1. 合理选择树种

充分运用乡土树种，合理使用名贵树种、选用小的苗木规格，做到"适地适树"原则，合理利用速生树种，短期快速成景植物品种选择应经济合理，不可盲目求新、求奇，如图2-2-14和图2-2-15所示。

2. 妥善结合生产

注重经济树种种植，产生经济来源。场地条件若允许，可以适当设计经济林用地，既可作为景观，又可结合苗圃生产，产生经济效益，如图2-2-16至图2-2-20所示。

3. 合理利用原有植物

植物造景设计中，要尽可能地保留场地原有的生态系统、自然元素以及一些特殊的地形、地貌等，提高资源利用率。场地原有树木，特别是大树或古树名木是场地景观设计的财富，在场地设计之前，要对场地进行考察，以最经济的方式创造高品质的景观，如图2-2-21所示。

图2-2-14　使用价格昂贵、生态和功能效益低的造型桩景造型

图2-2-15　选择年幼健壮的小乔木

图2-2-16　运用粮食作物来造景（1）

图2-2-17　运用粮食作物来造景（2）

图2-2-18　社区"蔬菜花园"

图2-2-19　公园里的"蔬菜花园"

图2-2-20　规划林区考虑农业观光、经济林和苗圃生产

图2-2-21　保留和利用场地内原有竹林和大树

二、园林植物造景美学原理

园林植物造景是科学性和艺术性的统一。科学选择植物种类后，还需要应用美学原理进行精心设计，创造出一幅幅优美的画面，体现景观的艺术性。

（一）统一与变化

统一与变化又叫多样性与统一性原理。进行植物景观设计时，树形、体量、色彩、线条、质地、比例等都要有一定的差异和变化，既显示多样性，又要使它们之间保持一定相似性，引起统一感，这样既生动活泼，又和谐统一，如图2-2-22所示。过分一致会觉得呆板、郁闷、单调。变化太多，整体又会显得杂乱无章，甚至一些局部感到支离破碎，失去美感，如图2-2-23所示。过于繁杂的色彩会引起心烦意乱、无所适从。因此，要掌握在统一中求变化、在变化中求统一的原理。

图2-2-22　云杉林的外形统一与大小变化协调　　　　图2-2-23　植物配置变化太多，整体杂乱无章

运用重复的方法最能体现植物景观的统一感。如街道绿化中行道树绿带，用等距离配植同种、同龄乔木树种或在乔木下配植同种、同龄花灌木，这种精确的重复最具统一感。城市中树种规划时，分基调树种、骨干树种和一般树种。基调树种种类少，但数量多，形成该城市的基调及特色，起统一的作用；而一般树种，则种类多、数量少，但五彩缤纷，起变化的作用。相关示例如图2-2-24所示。

图2-2-24　基调树和骨干树为主

（二）对比与调和

对比与调和是艺术构图的重要手段之一，也是植物造景中最常用的法则。园林景观需要有对比，这才能使景观丰富多彩、生动活泼。同时又要有调和，以便突出主题，不失园林的基本风格。缺乏对比和变化的图例如图2-2-25和图2-2-26所示。对比与调和包括形态、体量、高低、色彩、明暗、虚实、开闭等。

1. 形态的对比与调和

在植物造景中，尖塔形树冠与卵形树冠有着明显的对比，但都是植物，从树冠上看，其本身又是调和的，适用于形态特征明显的植物，如图2-2-27所示。

图2-2-25　乔木形态缺乏对比

图2-2-26　草木形态缺乏变化

2. 体量的对比与调和

植物在体量上有很大差别，乔木的高大和灌木的矮小形成对比与调和，如图2-2-28所示。

3. 高低的对比与调和

园林景观很讲究高低对比、错落有致，除行道树之外，忌讳高低一律相同。利用植物的高低不同，组织成有序列的景观，形成常说的优美的林冠线，如图2-2-29所示。

4. 色彩的对比与调和

色彩的对比包括色相和色度两个方面的差异。差异明显的，如绿与红、白与黑，就是对比；差异不大的就有调和效果；运用色彩对比可获得鲜明而吸引人的良好效果；运用色彩调和则可获得宁静、安定与舒适的环境。营造季相时，为使两种相似色彩的植物得以区分，常以对比色的植物间植其中。色彩、季相的对比与调和如图2-2-30所示。

图2-2-27　形态的对比与调和

图2-2-28　体量的对比与调和

图2-2-29　高低的对比与调和

图2-2-30　色彩、季相的对比与调和

5. 明暗的对比与调和

园林绿地中的明暗使人产生不同的感受。明处开朗活泼，暗处幽静柔和；明处适于活动，暗处适于休息。园林中利用植物来构成有明有暗的景观，既能互相沟通，又能形成丰富多变的景观。明暗的对比与调和如图2-2-31所示。

6. 虚实的对比与调和

虚给人通透之感，实则让人感到密实、厚重，植物造景中常运用虚实对比的手法增强艺术感染力。植物有常绿与落叶之分，常绿为实，落叶为虚；树木有上下之分，树冠为实，冠下为虚；园林空间中林木葱茏是实，林中草地则是虚。实中有虚，虚中有实，才使园林空间有层次感和丰富的变化。

7. 开闭的对比与调和

从空间层面上，园林的空间处理，实有茂密的树林，虚有空旷的草坪空间，还有虚实结合的疏林草地。这样大空间和小空间、开敞空间和封闭空间，一开一合，一收一放，相互对比，相互衬托。封闭与开放的空间对比与调和、空旷与幽深的对比与调和，造园师取之自然，又是高于自然。开闭的对比与调和使用不恰当与恰当示例如图2-2-32至图2-2-34所示。

图2-2-31　明暗的对比与调和

图2-2-32　空间过于遮蔽，缺乏开合的变化和对比

图2-2-33　空间开闭的对比与调和

图2-2-34　空间开闭和进退

（三）均衡与稳定

园林由植物、山水及建筑等组成，它们都表现出不同的重量感。均衡是指园林布局中的前后、左右的轻重关系；稳定是指园林布局在整体上轻重的关系。在平面上表示轻重关系适

当的就是均衡，在立面上表示轻重关系适宜的则为稳定。

（1）均衡（平面上）。规则式均衡常用于规则式建筑及庄严的陵园或雄伟的皇家园林中，对称均衡给人以整齐庄重的感觉。如门前两旁配置对称的两株桂花；楼前配置等距离、左右对称的南洋杉、龙爪槐等；陵墓前、主路两侧配置对称的松或柏等，如图2-2-35所示。自然式均衡常用于花园、公园、植物园、风景区等较自然的环境中，如图2-2-36所示。一条蜿蜒曲折的园路两旁，道路右边如果种植一棵高大的雪松，则邻近的左侧应植以数量较多、单株体量较小、成丛的花灌木，以求均衡。

（2）稳定（立面上）。从立面上看，一个物体或一处景物下部量大而上部量小，被认为是稳定的。园林是人造仿自然景观，为取得环境的最佳效果，一般应是稳定的。如干细而长、枝叶集生顶部的乔木下应配置中木、下木使形体加重，使之成为稳定的景观。植物景观立面构图的稳定如图2-2-37所示。

色彩浓重、体量庞大、数量繁多、质地粗厚、枝叶茂密的植物种类，给人以稳重的感觉；相反，色彩素淡、体量小巧、数量较少、质地细柔、枝叶疏朗的植物种类，则给人以轻盈的感觉。

图2-2-35　故宫博物院门口两侧对称的松柏

图2-2-36　公园入口两侧对称栽植的银杏和雪松

图2-2-37　植物景观立面构图的稳定

（四）韵律与节奏

诗词中要有韵律，音乐中要求节奏，园林中也要求韵律和节奏。植物造景中韵律与节奏的应用可以使人产生愉悦的审美感受。

对韵律的追求一般运用在规则式绿化之中，适用于大场景的景观绿化之中，广场树阵及高速公路两旁常用。一般选择树形稳定、姿态差别不大的植物，如人工修剪的绿篱；乔灌有规律地交替种植，产生形态、高低、色彩及季节的变化韵律；花坛中色块交替变化等。

（1）简单韵律。一种树等距离排列，比较单调而装饰效果不大，通常需要其他地被或灌木配合装饰，如图2-2-38所示。

（2）交替韵律。两种树木，尤其是一种乔木与一种花灌木相间排列或带状花坛中不同花色分段交替重复等。

（3）形状韵律。人工修剪的绿篱可以剪成各种形状，起伏有致的地形变化也可以形成一定的韵律感，如图2-2-39所示。

（4）季相韵律。随季节发生色彩的韵律变化，如图2-2-40所示。

图2-2-38　简单韵律

图2-2-40　季相韵律

图2-2-39　舒缓的地形起伏形成韵律感

（5）渐变韵律。园林景物中连续重复的部分作规则性逐级增减变化。这种变化是逐渐的，而不是急剧的，如植物群落由密变疏、由高变低，色彩由浓变淡，都是取渐变形式，由此获得调和的整体效果。

（五）比例与尺度

在植物造景设计中，首先要注意植物本身尺度与周围环境的比例关系。如在庞大的建筑物旁边，可以种植高大的乔木，使比例关系协调；在空间比较小的绿化环境中，如酒店中庭的绿化设计，常选择一些形体较小、质感较为细腻的乔木、灌木进行配置，使整个环境小而精、小而不挤，使比例关系协调。比例与空间尺度不协调和协调分别如图2-2-41和图2-2-42所示。

一般而言，在小空间，就多设计种植小体量植物；反之，则需要使用大体量植物来构成骨架。例如，公园中的黄杨球冠幅一般为1~1.5m，绿篱宽0.5~0.8m，但天安门前花坛中的黄杨球冠幅达4m，绿篱宽7m，这种大体量的应用是与周边环境相适应的。

图2-2-41　比例与空间尺度不协调　　　　　图2-2-42　植物与环境比例尺寸关系协调

（六）主体与从属

不论是一幅风景优美的油画，还是设计精美的雕塑、建筑，都应该遵循有主有从的原则，建筑有主体、音乐有主旋律，园林植物景观也是如此。园林中景物很多，应人为区分为主体和从属的关系，也就是重点和一般的关系。

在植物造景中，一般而言，乔木是主体，灌木、草本是从属的，必须强调或突出主景。在植物景观设计中，主景一般形体高大，或形态优美，或色彩鲜明。配置中主景一般安排在中轴线上、节点处，从属的景物置于两侧副轴线上，主次搭配合理，景观才能和谐、生动。植物配置主从关系不合理与合理分别如图2-2-43和图2-2-44所示。

图2-2-43 植物配置缺乏主从关系

图2-2-44 主从关系清晰

任务实施

收集国内外优秀园林绿地图片，从造景原则与美学原理应用上进行赏析，课堂以小组形式进行PPT汇报。

教学效果检查

（1）你了解园林中植物造景的多种原则要求吗？

（2）你在植物造景中能做到适地适树吗？

（3）你在植物造景中如何综合运用生态性原则？

（4）你在植物造景中能做到植物形态、体量和色彩的对比与调和吗？

（5）你掌握植物造景中均衡与稳定的区别吗？

（6）你认为本学习任务还应该增加哪些方面的内容？

思考与练习

一、名词解释

（1）适地适树

（2）乡土树种

（3）基调树种

（4）骨干树种

二、填空题

（1）园林树木的配置原则要考虑充分发挥_____、经济、社会效益。

（2）植物造景生态性原则中与植物相关的_____有温度、水分、光照、空气、土壤等。

（3）园林树木的配置要以_____的手段获得最大效果。

（4）园林树木的配置原则中要考虑取得_____的效果。

（5）植物配置时要适地适树，则树种选择时最宜选择_____。

三、选择题

（1）植物造景（　　）主要包括传统文化思想与现代思潮。

    A．美学原则　　　　　　B．生态因子　　　　　　C．文化性原则

（2）植物栽植由低到高、由疏到密、色彩由淡到浓，可形成（　　）。

    A．交替韵律　　　　　B．季相韵律　　　　　C．渐变韵律　　　　D．简单韵律

（3）植物造景时，树形、色彩、线条等在统一中求变化、变化中求统一指的是（　　）。

    A．统一的原则　　　B．调和的原则　　　C．均衡原则　　　D．韵律原则

（4）（　　）是指植物配植时有规律变化，产生韵律感。

    A．统一的原则　　　B．调和的原则　　　C．韵律和节奏的原则

（5）要创造完美的植物景观，必须具备（　　）的高度统一。

    A．科学性和艺术性　　B．生态和经济　　　C．长效和短效

（6）植物造景遵循（　　）的基本原则，即统一、调和、均衡和韵律四大原则。

    A．科学和艺术　　　B．生态和社会　　　C．绘画艺术和造园艺术

（7）（　　）即协调和对比的原则，包括体量、形态、色彩等要素。

    A．统一的原则　　　B．调和的原则　　　C．均衡原则

（8）（　　）是指园林植物配置时将体量、质地各异的植物种类按均衡的原则配置，景观显得稳定、顺眼。

    A．统一的原则　　　B．调和的原则　　　C．均衡原则

（9）园林植物配置的（　　）表现有丰富感、平衡感、稳定感。

    A．艺术效果　　　　B．生态特性　　　　C．科学价值

四、判断题

（1）要创造完美的植物景观，必须具备科学性和艺术性的高度统一。　　　　（　　）

（2）不稳定植物群落景观既统一又有变化。　　　　　　　　　　　　　　（　　）

（3）植物造景与配置必须"师法自然"。　　　　　　　　　　　　　　　（　　）

（4）植物造景生态原则与植物相关的生态因子只有温度和水分。　　　　　（　　）

（5）植物配置中，树种选择时最宜选择乡土树种。　　　　　　　　　　　（　　）

（6）园林植物造景的原则主要是文化、经济原则。　　　　　　　　　（　　）

（7）园林植物的配置讲究最经济的手段获得最大效果。　　　　　　　（　　）

（8）在进行园林植物配置时，应以其自身的特性及生态关系作为基础考虑。（　　）

（9）在进行园林植物配置时，既要注意生态学特性，又要有创造性。　（　　）

（10）在进行园林植物配置时，要充分考虑生态、经济、社会效益。　（　　）

（11）植物造景美学原则主要包括色彩的应用与配色原则。　　　　　（　　）

（12）丰富感、平衡感、稳定感不是园林树木配置的艺术效果表现。　（　　）

五、简答题

（1）园林植物造景的基本原则有哪些？

（2）园林植物造景的美学原理有哪些？

（3）谈谈你对植物造景中生态性原则的理解。

六、素材收集、赏析与评价

（1）收集2张综合运用色彩、形态的对比与调和法则进行植物造景的图片，从专业的角度进行赏析与评价。

（2）收集2张体现植物造景均衡法则的图片，从专业的角度进行赏析与评价。

（3）收集2张体现植物造景节奏与韵律法则的图片，从专业的角度进行赏析与评价。

（4）收集2张体现植物造景比例与尺度法则的图片，从专业的角度进行赏析与评价。

（5）收集2张体现植物造景主体与从属法则的图片，从专业的角度进行赏析与评价。

任务三 园林植物造景基本设计程序与应用

知识要求

1. 掌握园林植物造景设计的工作流程。
2. 列举并说明植物造景各阶段主要工作内容与成果要求。

技能要求

1. 能够按程序和标准开展植物种植设计的各项工作。
2. 能够与甲方或客户良好沟通，准确把握客户的设计要求。
3. 能够开展现场调查，拥有资料的采集与分析能力。

能力与素养要求

1. 具备良好的与客户沟通交流及语言表达能力。
2. 具有缜密的思维、严格按标准操作的职业能力。
3. 具备想客户之所想、客户至上的服务意识。

工作任务

按照园林植物造景的工作流程对校园某一小块绿地进行景观改造设计。

知识准备

园林植物造景既是一门艺术，又是一门实践性极强的技术。这其中存在一些基本的设计流程，它们可以增加设计工作的系统性、有序性。设计程序用来减少设计工作的随意性和不确定性，增加设计结果的可判定性，同时还可以提高工作效率。一般来说，园林植物种植设计的程序分为设计准备、方案设计、详细设计和施工图设计几个阶段。

一、设计准备阶段

设计准备阶段主要包括调研与沟通，资料收集、整理与分析等。

（一）了解客户的需求

设计过程一般始于设计师会见客户，这是一个相互了解的过程，客户表述需求和愿望，提出问题和预算，设计师问一些关于客户和项目的重要信息。这个过程的关键是掌握项目的性质、功能需要以及风格定位，这些信息可以通过面谈来获得，也可以通过调查问卷来统计完成。

（二）资料收集、整理与分析

资料收集的过程就是一个分类、归纳小结和形成思路的过程。收集资料在设计师探索创意时显得尤为重要，收集与整理中要记下能激发灵感的任何事物，设计的开始不要太严肃拘谨，让创意自由发挥。

资料收集包括项目植物状况和人文资料等。植物状况包括：自然条件（地形、水体、土壤、植被等），气象资料（日照条件、温度、风向、降雨、小气候等），乡土植物、外来植物情况等。人文资料包括：历史文物、风俗文化调查等。

地周边区域的资料采集与分析。主要包括周边用地性质、建筑状况、交通状况和污染状况的调查与分析。

（三）现场勘查与测绘

作为设计师，在进行基地调查与分析时，不能仅依靠甲方或客户提供的资料，必须亲自进行现场调查与测绘，期间核对图纸与现状的吻合程度，补充图纸欠缺的重要信息。现场可以进行简单的艺术构思，确定景观轮廓与配置方式。现有景观的处理思路："佳则收之，俗则屏之"。如图2-3-1所示为对场地内有价值的苗木进行详细记录。

1. 植被状况

调查基地内现有树木的位置、品种、规格、生长状况以及观赏价值等内容，列出可以保留的植物以及应去除的植物类型。如果发现特别需要保留的树木，还需要记录其品种、胸径、树高、冠幅及位置，编制成表格以备后用。

2. 自然条件

调查场地内的温度、光照、水分、土壤、地形地势及小气候条件等，对场地的地形地势要做坡度等级分布记录。

3. 人工设施

应对区域内各级道路的类型、分布、人流和车流的情况以及流动方向都有总体的把握和记录。

4. 环境质量

调查视域范围内的景观质量、可能的观赏点、视线通道、视线控制点。

图2-3-1　对场地内有价值的苗木进行详细记录

（四）综合分析与评估

综合资料，对整个基地及环境条件进行综合分析，得出基地对植物生长和景观创造有利和不利的条件，并提出相应的解决策略。一般以分析图的形式呈现分析结果。

二、初步方案设计

在前期准备的基础上开始初步方案设计。在园林总体规划方案中，植物景观规划是与竖向规划、道路系统规划等平行的分项规划。在初步方案设计中，拟订初步的种植规划图，确定主景树和配景植物，绘制出植物组团的轮廓线，并用图例、符号区分常绿针叶植物、阔叶植物、花卉、草坪、地被等植物类型，一般无须标注每一株植物的规格和具体种植点的位置。

（一）初步方案设计主要内容

（1）设计原则和依据。

（2）项目的类型、功能定位、性质特点等。

（3）设计的艺术风格。

①根据总体场地肌理、绿色斑块分布，深化场地生态的改善与保护设计。

②确定场地有何种功能，各功能区的服务对象都有哪些，需要何种空间类型。

③各个空间功能区之间的关系，对周边场地环境的影响。

④每种功能所需的合适尺度、远近、大小、植物总体的疏密关系。

（4）对基地条件和外围环境条件的利用和处理方法。

①挖掘场地，保留特色记忆。根据不同的空间形式，思考植物艺术化配置。

②根据各分区的功能需求，确定植物主要配置方式，呼应主要功能空间，利用不同的植物配置，例如疏密、节奏、远近、高低等来营造不同的空间氛围。

③重点在出入口、主要焦点、节点等的布置。

④最大限度地保留场地原生态景观。如广州白云宾馆建立过程是一个珍惜和利用现有场地大树的范例，设计者将马尾松等大树塑石加围，加以保护利用。同时，将几株阔叶常绿的蒲桃等留下造景，塑石围山，引水作瀑，流入水池，再配植了耐荫的短穗鱼尾葵、龟背竹等树木花草，成为一个安静、漂亮的小庭园。

（5）主要的功能分区

进行园林整体景观设计时，首先要考虑人群的使用功能，功能定位后，进行功能分区，然后结合不同区域的主要功能进行植物的分析、选择、搭配，如协调或者隔离。根据各功能区域植物景观的关系，列出可供选择的一系列植物品种。

（6）投资概算。

（7）预期目标。

（二）园林种植规划图

园林种植规划图是指在初步设计阶段绘制植物组团种植范围，并区分植物类型的图纸。绘制园林种植规划图的目的在于标示植物分区布局情况。园林种植规划图绘制要求标示出植物分区布局，绘制出不同植物组团轮廓线，并利用图例或符号区分常绿针叶植物、阔叶植物、花卉、草坪、地被等植物类型，一般无须标注每一株植物的规格和具体种植的位置。

园林种植规划图绘制应包含以下内容：

（1）图名、指北针、比例、比例尺。

（2）图例表。包括序号、图例、图例名称（常绿针叶植物、阔叶植物、花卉、草坪、地被等）、备注。

（3）设计说明。植物配置的依据、方法、形式等。

（4）园林种植规划平面图。绘制植物组团的平面投影，并区分植物的类型。

（5）植物群落效果图、剖面图或断面图等。

三、植物种植设计

此阶段为植物种植详细设计阶段，在具体的布局、分区下进行植物详细种植设计，是初步方案设计的具体化。详细设计阶段应该从植物的形状、色彩、质感、季相变化、生长速度和生长习性等方面进行综合分析，以满足设计方案的要求。

（一）植物品种选择

要根据基地自然状况，如光照、水分、温度、土壤、风等因素，与植物库数据配对搜寻，确定粗选的植物品种。

参考当地乡土植物种类和植物引种驯化情况，列出可供选择的一系列植物品种。规划时既要考虑植物的整体景观效果，还要综合考虑四季景观搭配、乔木和灌木与地被植物的搭配、模拟基地的天然植物群落关系。

如多风地区应选择深根性、生长速度快的种植种类；对不同pH的土壤应选用相应习性的植物种类；受空气污染的基地应选择抗污染或者能够吸收污染物质的植物品种；低凹的湿地、水岸旁应选种耐水湿的植物。

（1）植物的观赏特性和使用功能。植物的选择应该兼顾观赏和功能的需要，两者不可偏颇。

（2）植物的选择要与设计主题相吻合。根据基地的风格特征，如大气、规整、自然、野趣等差异，结合当地的人文背景和民间风俗习惯等，列出可供选择的一系列植物品种，形成基地整体的色彩、形式、结构和风格基础。如庄重、肃穆的环境应该选择绿色或者深色调植物；轻松活泼的环境应该选择色彩鲜亮的植物；儿童空间应该选择花色丰富、无刺无毒的小型低矮植物。

（3）当地的民俗习惯和人们的喜好。

（4）确定基调树种。在植物景观中，作为整体背景或底色的树林为基调树种，前景和主景树种为这个景观序列的主调树种，而配合主调树种的植物则为配调树种。风景关系过渡到新的空间区段时，又会出现新的基调、主调、配调。确定各植物类型的主要品种和次要品种。主要品种是用于保持统一性的品种，是一种植物景观类型的主体构架品种。一般来说，主要品种数量要少（如20%），相似程度要高，但植株数量要多（如80%）。次要品种是用于增加变化性的品种，品种数量要多（如80%），但植株数量要少（如20%）。

（二）植物的规格

园林植物种植设计图一般按1：250～1：500比例作图，乔木、灌木冠幅一般以成年树树冠的75%绘制，如16m冠幅的乔木，按75%计算为12m，按1：300比例制图，应画直径4cm的圆，以此计算不同规格的植物作画时所画的冠幅直径。

绘制成年树冠幅（75%）一般可以分为如下几个规格：大乔木10～12m，中乔木6～8m，小乔木4～5m；大灌木3～4m，中灌木2～2.5m，小灌木1～1.5m。

（三）植物的配置设计

植物的配置包括植物与建设、水体、道路等的配置以及植物与植物的配置两个方面。要从植物的形态、色彩、质地、季相、生长速度、生态习性等方面进行综合分析，过程中对照现场，深化设计细节，满足方案要求。做到不同区位的细化内容，有不同的特色。分析场地的光照、湿度、水分、温度等数据，考虑场地内总体的植物规格、习性、色彩、气味、质感的细节搭配，并考虑植物组合短期与长期效果，选择利于后期养护的植物景观形式。

1. 植物的大小搭配

首先确立大、中乔木的位置，这是因为它们的配置将会对设计的整体结构和外观产生最大的影响；其次，安排小乔木和灌木，以完善和增强乔木形成的结构和空间特性；然后填充较矮小植物，使之在较大植物旁边补充，展示更细腻的装饰性。由于大乔木极易超出设计范围和压制其他较小苗木，因此，在小的庭院中应慎重使用大乔木。大乔木在景观中还被用来提供阴凉，故在种植时应在空间或建筑物的西南、西面或西北面。

2. 植物的品种搭配

在设计布局中应认真研究植物和植物搭配。如落叶和常绿植物的配置问题，落叶植物要考虑其秋、冬季的可变因素，常绿植物在冬天凝重而醒目，所以必须在不同的地方群植，避免分散，否则在冬季必将导致整个布局的混乱，最好的方式就是将两种植物有效地组合起来，从而在视觉上相互补充。

3. 植物的色彩组合

植物配置的色彩组合应与其他观赏性相协调，起到突出植物尺度和形态的作用。如某一植物以大小或形态作为设计中的主景时，同时也应具备夺目的色彩。由于植物本身的颜色大多以绿色为主，故在设计时除特殊环境和要求外，植物色彩基本以绿色为主调，其他色调为辅。同时还要考虑四季的色彩变化，诸如植物花、果的色彩和落叶情况，色彩的变化能够为植物景观增添活力和兴奋感，同时也能够成为吸引观赏者的某一重要景点。此外，植物色彩在园林中发挥观赏性，也能影响设计的多样性、统一性以及空间的情调和感受。

4. 植物的质地搭配

在一个理想的设计中，粗质型、中质型及细质型三种不同类型的植物应均衡搭配使用。质地太多，布局会显得杂乱。比较理想的方式是按比例大小配置不同类型的植物。因此，在质地选取和使用上还应结合植物的大小、形态和色彩以便增强这些特性的功能。

5. 确定基调植物

为突出该环境景观的主题特色，需要一种占支配地位的植物，从而进一步确保布局的统一性，这就是基调植物。一般情况下，它在数量上占优势，有时也可以是形态上占优势，还可以是视觉效果上占优势，但为了保证景观的多样性，基调植物的总数应加以控制，以免量多为患。

（四）园林种植设计图

园林种植设计图是指在详细设计阶段用相应的平面图例在图纸上表示设计植物的种类、数量、规格、种植位置及种植形式和要求的平面图纸。除了种植平面图外，往往还要绘制植物群落的剖面图、断面图或效果图。种植设计平面图还要用列表的方式绘制出植物材料表，具体统计并详细说明设计植物的编号、图例、种类、规格（包括树木的胸径、高度或冠幅）和数量等。种植设计平面图根据绘制的部位和内容还可分为总平面图、分区平面图、乔木平面图（分区乔木平面图）、灌木平面图（分区灌木平面图）、地被平面图（分区地被平面图）。

一般种植设计图以植物成年期景观为模式，因此，设计者需要对基地的植物种类、观赏特性、生态习性十分了解，对乔木、灌木成年期的冠幅有一定的把握。

园林种植设计图中，将各种植物的图例绘制在设计种植位置上，并应以圆点表示出树干的位置。树冠大小按成龄后的冠幅绘制。在规则式的种植设计图中，对单株或丛植的植物宜用小点表示种植位置；对蔓生和成片种植的植物，用细线绘出种植范围。园林种植设计图绘制包括以下内容：

（1）图名、指北针、比例、比例尺、图例表。

（2）设计说明。包括植物配置的依据、方法、形式等。

（3）植物种植设计平面图。用图例标示植物的种类、规格、种植的位置以及与其他构景要素的关系。在绘图时植物图例的大小应该按照比例绘制。

（4）植物配置表。包括序号、中文名称、拉丁学名、图例、规格（冠幅、胸径、数量或面积等）、其他（特性、树形要求等）、备注。植物名录表中植物排列顺序分别为乔木、灌木、藤本、竹类、花卉、地被、草坪等。

（5）植物景观剖面图或断面图。植物种植设计中的剖立面图是十分重要的，在种植设计过程中必须考虑植物个体的大小、形状、枝干的具体分枝形式，种植剖面图、立面图可以有效地展示出植物之间的关系、植物与周边环境（如建筑、小品）之间的关系，所以剖立面图是观察植物最终效果的重要手段之一。

（6）植物景观效果图。表现植物的形态特征以及植物群落的景观效果。

四、施工图设计

在园林种植设计完成之后，要绘制种植设计施工图。种植施工图设计在施工图设计阶段，是种植施工的依据。

园林种植施工图标注植物种植点坐标、标高，确定植物种类、规格、数量、栽植或养护要求的图纸。主要内容包括：坐标网格或定位轴线，建筑、水体、道路、山石等造园要素的水平投影图，地下管线或构筑物位置图，各种设计植物的图例及位置图，比例尺，风玫瑰图或指北针，标题栏，主要技术要求，苗木统计表，种植详图等。

与种植设计图一样，种植施工图根据绘制的部位和内容也可分为总平面图、分区平面图、乔木平面图（分区乔木平面图）、灌木平面图（分区灌木平面图）、地被平面图（分区地被平面图）。园林种植施工图是编制预算、组织种植施工、施工监理、进行养护管理的重要依据。

1. 植物种植设计依据

种植设计的依据是甲方审查通过的种植设计方案以及《GB 51192—2016公园设计规范》《GB 50420—2007城市绿地设计规范》等。

2. 树木栽植技术规范及要求

当地省、市相关绿化标准以及《园林绿化标准合订本》《CJJ 82—2012园林绿化工程施工及验收规范》。规范适用于正常植树季节施工，若在非植树季节进行植树，需要对上述规范做相应的调整。

植物材料应选择健康、新鲜、无病虫害，生长旺盛而不老化，树皮无损伤或虫眼。植物的品种、规格、形态应符合设计的要求。行道树相邻同种苗木的高度要求相差不超过50cm，胸径差不超过1cm。对于胸径在5cm以上的乔木，需要设支柱固定。苗木的挖掘、包装、运输应符合现行行业标准。现场乔木、灌木的种植点按照地下缆线的实际铺设点进行调整，距离应符合相应规范的要求。

绿化场地应进行场地平整，平整找坡控制在2.5%～3%，同时清除碎石及杂草。植物生长所必需的最低土层厚度要满足：一般草地大于30cm，花灌木大于50cm，乔木则要求在种植土球周围有大于50cm的合格土层。

针对现有场地土质实际情况，一般要求施工时对各种花草树木施足基肥，以使花草恢复生长后能尽快见效。对于大树移植，两年内应保证配备专职人员对其进行修剪、剥芽、施肥、浇水、防寒、病虫害防治等系列养护管理，在确认大树成活后方可进入正常养护管理阶段。

3. 植物种植施工图纸绘制要求

首先，图纸要符合规范要求，符合《GB 51192—2016公园设计规范》《GB 50420—2007城市绿地设计规范》《GB/T 50103—2010总图制图标准》《CJJ/T 67—2015风景园林图例图示标准》。

其次，内容要全面，同时要注意图纸表达的精度与设计环节及甲方的要求相吻合。一般包括以下几方面内容：

（1）图名、比例、比例尺、指北针。

（2）植物苗木表。包括序号、中文名、拉丁学名、规格（冠幅、胸径、高度）、单位（株数或面积）、种植密度及备注。

（3）植物种植施工总平面图。要求利用图例区分植物的种类以及原有保留植物。利用尺寸标注或网格定位确定种植点，网格的大小根据实际情况而定。规则式种植需要标注株间距。利用引线标注每一组植物的名称、数量（株数或面积）。在种植设计较复杂的情况下，可以分层绘制乔木平面图、灌木平面图和地被平面图等，具体要求同上。

（4）植物种植施工详图。根据需要，将总平面划分为若干区段，使用大比例尺分别绘制，绘图要求同植物种植施工总平面图。为了方便读图、查图，应同时提供一张相应的索引图，说明详图在总图中的位置。

（5）植物种植剖面图或断面图。

五、落地阶段景观跟踪把控

园林是艺术与科学的结合，对于景观细部的处理，没有唯一确定性的标准答案，所以植物施工图设计在落地的过程中存在较多的不确定性，经常导致施工后的完成效果达不到设计意图。例如施工过程中的材料变更、施工队的水平等不确定因素都会对最终的园林植物景观效果产生影响。所以，在植物施工图设计完成后，设计师也应参与图纸的落地过程控制。施工阶段的景观把控工作应包含以下几点：

（1）施工前。设计师应该对重要景观节点的植物配置效果和质量要求向施工方做全面的交底。

（2）施工过程中。设计师应定期对现场的实施过程进行实地查看，分阶段加强过程中的效果把控，对施工质量监督指导，引导植物景观在落地过程中不偏离原设计意图。

植物景观施工阶段的控制要点内容如下：

①定点放线：根据图纸交底内容，对照图纸查看现场，检查施工队现场的定点放样工作是否满足设计图纸要求。

②土方地形：着重检查图纸竖向设计内容，复核场地关键节点标高与地形坡度是否符合现场实际，对于土方地形的施工应做到因地制宜，满足挖填平衡。如果图纸与现场实际存在较大偏差，应尽快现场调整，尽量避免土方大挖大填。检查地形塑造是否符合设计要求，应

充分利用地形要素，为园林植物景观打下良好的基础。应根据现场土质合理制定土壤改良方案，考虑苗木栽植区域土壤的疏松透气、保水保肥。地形塑造完成后应该立即铺设给排水管网，园建和其他构筑物地下基础部分也应要求施工完成。

③乔木、灌木种植：重要景观节点的植物材料进场前，设计师应提前进行质量效果控制，必要时可到苗圃现场选苗。苗木进场后，组织相关方进行苗木验收，确保材料质量符合设计要求。种植施工前，设计师应根据施工图核验施工单位的苗木大致点位，确定苗木位置恰当、符合设计要求后进行栽植。栽植完成后，检查重点苗木的养护工作。

④地被草坪种植：草坪施工前，设计师应对现场已完成的栽植效果进行评估，总体质量效果是否达到原设计要求。如果不满足图纸要求，需要尽快加以调整，确定大的景观框架满足要求后，方可允许施工单位进行土方细整，进行地被和草坪的施工。地被施工过程应注重栽植土质和收边收口细节，草坪施工应注意底部土方的平整与密实，避免后期沉降。

（3）施工后。设计师应视情况进行追踪和复盘，进行场地施工前后的对比，思考本次植物设计的成功和不足之处。只有不断提炼与总结，不断思考，才能为下一次的植物设计提供宝贵的经验。

任务实施

按照上面的程序，在校园寻找一小块绿地，与管理方沟通，分小组进行景观改造设计。完成整个过程，积累实际操作经验，并于课堂分享体会。

教学效果检查

（1）你了解园林中植物造景设计的工作流程吗？

（2）你掌握各阶段主要工作内容与成果要求吗？

（3）你能够独立进行现场调查、资料的采集与分析吗？

（4）你认为本学习任务还应该增加哪些方面的内容？

思考与练习

（1）园林植物造景设计过程一般分为哪几个阶段？

（2）园林植物造景设计各阶段主要工作内容是什么？

模块三

建筑、道路及水体的园林植物造景配置设计

任务一　建筑的园林植物造景配置设计　　　　　　　＿ ⊡ ×

📠 知识要求

1. 理解并掌握植物与建筑的相互配置作用。
2. 识别不同风格、类型与功能建筑的植物配置。
3. 解析建筑外不同方向的植物配置。
4. 描述建筑局部的环境特点及植物配置要点。

🜂 技能要求

1. 能够针对不同风格、不同类型的建筑进行植物配置。
2. 能够针对建筑外东、南、西、北不同方向进行植物设计应用。
3. 能够针对建筑大门、墙体和角落等局部的环境特点进行相应植物设计应用。

🎖 能力与素养要求

1. 具备较强的分析问题和风格比较鉴别的专业能力。
2. 拥有较强的发现美、创造美的审美情趣和创新能力。
3. 在建筑的植物造景中要善于将植物文化与建筑文化精准结合。

🔧 工作任务

校园典型建筑不同方向、主次出入口及外围植物配置调查与分析。

📖 知识准备

园林建筑属于园林中人工美的硬质景观，是景观功能和实用功能的结合体。优秀的建筑作品，犹如一曲凝固的音乐，往往成为视觉焦点或构图中心，是园林中的点睛之笔。植物体是有生命的活体，有其生长发育规律，具有大自然的美。园林建筑和植物的配置如果处理得好，可相得益彰。

随着生态城市、生态园林建设的兴起，建筑美与自然美的和谐共生已成为建筑设计成功与否的重要标准。而植物作为建筑与自然之间的纽带，其艺术感染力、意境表现力、有机协调性等作用更是日渐受到人们的重视，已成为建筑外环境风格定位、品质体现、生态修复不可或缺的重要因素。

一、园林建筑和植物配置的关系

（一）植物配置对园林建筑的作用

1. 使园林建筑的主题更加突出

依据建筑的主题、特色进行植物配置，对建筑主题起到突出和强调的作用。植物配置软化建筑的硬质线条，打破建筑的生硬感觉，如图3-1-1和图3-1-2所示。

图3-1-1　植物突出建筑主体

图3-1-2　植物软化墙体生硬线条

2. 协调建筑与周边环境

植物协调建筑物，使其和环境相宜，建筑因造型、尺度、色彩等原因与周围绿地环境不相称时，可以用植物来缓和或者消除这种矛盾。植物是协调自然空间与建筑空间最灵活、最生动的手段，如图3-1-3所示。在建筑空间与自然空间中科学配置观赏性较好的花草树木，通过基础栽植、墙角种植、墙壁绿化等具体方式，能使建筑物突出的体量与生硬轮廓软化在绿树环绕的自然环境之中。

图3-1-3　植物配置协调建筑与周边环境

3. 丰富建筑的艺术构图

建筑物的线条一般都生硬、平直，而植物的枝干婀娜多姿，线条比较柔和、活泼，植物用柔软、曲折的线条打破建筑平直、机械的线条。植物的美丽色彩及柔和多变的线条一方面可以遮挡或缓和建筑的不足之处；另一方面，如果配置得当，还可以更好地丰富建筑的轮廓，与建筑取得动态均衡的景观效果。

中国古典园林中，以植物来丰富建筑构图的例子屡见不鲜。例如，在江南园林中常见圆形的洞门旁种植竹丛或梅花，树枝微倾向洞门，以直线条划破圆线条形成对比，增添了园门的美，而且起到均衡的效果。

4. 赋予建筑以时间和空间的季候感

建筑物是形态固定不变的实体，植物则是最具有变化的景观要素。各种园林植物因时令的变化而生长变化，使景观呈现出生机盎然、变化丰富的意象，使建筑环境产生春、夏、秋、冬的季相变化。不同风格的建筑、不同色彩和质地的墙面能够反衬植物的苍、翠、青、碧等绿色以及其中点缀的姹紫嫣红，利用植物的季相变化特点，将不同花期的植物搭配种植于建筑周围，使同一地点的特定时期产生特有的景观，给人以不同的感受，使固定不变的建筑具有生动活泼、变化多样的季相感。

5. 丰富建筑空间层次，增加景深

利用植物的干、枝、叶可以起到限定空间的作用。枝繁叶茂的林木可以补偿建筑空间感不强的缺陷，能形成有围又有透的建筑庭院空间。例如建筑围合的空间面积过大，就可能出现空间感不强的缺点。在建筑物前适宜种植一些乔木或结合灌木及其他小品造景，可以在景观建筑之上再形成一段界面，从而加强空间的围合感，并丰富建筑前的景观环境。另外，透过园林植物的枝叶看其他景物时，感觉更显深远，如图3-1-4所示。

图3-1-4　植物掩映中的眺望台

6. 使建筑环境具有意境和生命力

在建筑环境中，充满诗情画意的植物配置能够体现出植物与建筑的巧妙结合。在不同区域栽种不同的植物或突出某种植物，能够形成区域景观的特征，增加建筑景观的独特意境和生命力。各种类型的建筑通过适宜的植物配置，都可以体现出其独特的意境。此点在中国古典园林建筑中应用较多，如很多景观亭都是以风吹过松林发出的涛声为主题，创造出"万壑风生成夜响，千山月照挂秋荫"的意境。

（二）园林建筑对植物配置的作用

（1）园林建筑为植物提供基址和附着场所，如建筑的外环境、天井、屋顶为植物种植提供基址。通过建筑的遮、挡、围的作用，能够为植物提供适宜生长的环境条件，同时营造出丰富变化的景观。

（2）园林建筑对植物造景起到背景作用。江南古典私家园林以墙为纸，以植物为绘。如"海棠春坞"：一丛翠竹、数块湖石、以沿阶草镶边，以白粉墙为背景，使这一粉壁小景充满诗情画意，如图3-1-5所示。

（3）建筑的门、窗、洞对植物起到框景、夹景的作用，形成"尺幅窗"和"无心画"，和植物一起组成优美的构图。

（4）匾额、题咏、碑刻等文学艺术设施、小品是园林建筑艺术的组成部分，它们和植物共同组成园林景观，突出园林的主题和意境。

（5）可作为大片植物群落景观中的特色主景，增加植物的林冠轮廓的起伏变化，丰富景观的高低层次，聚焦视线，如图3-1-6所示。

图3-1-5　海棠春坞

图3-1-6　建筑形成主景

二、不同风格、类型与功能建筑的植物配置

园林建筑类型多样，形式灵活，建筑旁的植物配置应和建筑的风格协调统一。不同类型、功能的建筑和建筑的不同部位要求配置不同的植物。一般体型较大、立面庄严、视线开阔的建筑物附近，可以选择质地较粗、形体高大、树冠开展的树种。在玲珑精致的建筑物四周，则适宜栽植一些姿态轻盈、枝叶小巧致密的树种。另外，植物的枝叶可以形成风景的框架，将建筑景观框于画中。

（一）不同风格、类型建筑的植物配置

1. 中国古典皇家建筑的植物配置

中国古典皇家园林（如颐和园、圆明园、天坛、故宫、承德避暑山庄等）为了反映帝王至高无上、威严无比的权力，宫殿建筑群具有体量宏大、雕梁画栋、色彩浓重、金碧辉煌、布局严整、等级分明的特点。植物常选择姿态苍劲、意境深远的中国传统树种，如白皮松、油松、圆柏、青檀、七叶树、海棠、玉兰、银杏、国槐等作为基调树种，且一般多行规则式种植。

颐和园（图3-1-7至图3-1-9）前山部分的建筑庄严对称，植物配置也为规则式。进门后两排桧柏犹如夹道的仪仗。数株盘槐规则地植于小建筑前，仿佛警卫一般。园内配植了白玉兰、海棠、重瓣粉海棠、牡丹、芍药、石榴等植物，而迎春、蜡梅及柳树作为陪衬来配植。

图3-1-7　掩映在植物群落中的古建群

图3-1-8　站在佛香阁远眺

图3-1-9　山脚仰视佛香阁

2. 古典私家园林建筑的植物配置

中国的古典私家园林根据地域不同分为北方、江南、岭南三大风格类型，江南园林为三大风格之首。江南私家园林的庭院多以水为中心，建筑体量小而精。以粉墙、灰瓦、栗柱为特色，用于显示文人士大夫的清淡和高雅。重视植物配置的主题和意境，选用观赏价值高的乔木、灌木在建筑分隔的空间布置。园林多采用小中见大的手法，通过"咫尺山林"再现大自然景色。多于墙基、角隅（图3-1-10）处植松、竹、梅等象征古代君子的植物，体现文人具有像竹子一样的高风亮节、像梅一样孤傲不惧、像松一样坚韧不拔的崇高品德。

主要代表如"海棠春坞"小园中以垂丝海棠为主题，欣赏海棠报春的景色；"嘉实亭"四周遍植枇杷（图3-1-11），亭中的对联为"春秋多佳日，山水有清音"，充满诗情画意。主人在初夏可以品尝甘美可口、橙黄的鲜果。常绿的枇杷树，使嘉实亭即使在隆冬季节依然生机盎然。另有植物烘托亭如图3-1-12所示。

在其他派系的园林中也有不少古典私家园林的佳作，如岭南园林的可园、清晖园等，如图3-1-13至图3-1-15所示。

图3-1-10　墙基、角隅处植松

图3-1-11　嘉实亭旁边的枇杷

图3-1-12　植物烘托的亭

图3-1-13　咫尺山林

3. 纪念性园林中的建筑与植物配置

寺庙、陵园等纪念性园林的建筑常具有庄严、稳重的特点，植物配置主要体现其庄严肃穆的场景，多用白皮松、油松、圆柏、国槐、七叶树、银杏，且多列植和对植于建筑前。

美国华盛顿的杰斐逊纪念堂周围利用常绿的松柏类植物加上修剪的绿篱等，突出建筑主体的同时也烘托了庄严肃穆的氛围。广州烈士陵园（图3-1-16）入口广场列植的松柏类植物，营造了庄严肃穆的纪念场景。中山纪念堂东西两侧种植了两株白兰花，如同两个高大忠勇的士兵守卫着纪念堂。每年初夏至深秋，洁白的白兰花挂满枝头，洁白无瑕、香飘数里，效果很好，且别具风格。同时，陵园周围还点缀木棉，既打破了纪念性园林只用松、柏的常规束缚，又不失纪念的意味。

图3-1-14   大树掩映亭廊

图3-1-15   植物淡雅精巧

图3-1-16   沿轴线对称布置的植物体现烈士陵园的庄严肃穆

4. 欧式风格建筑的植物配置

欧式风格是对西方代表性建筑的一个统称，以喷泉、罗马柱、雕塑、尖塔、穹顶、八角房等为典型标志。欧式风格强调以华丽的装饰、浓烈的色彩、精美的造型达到雍容华贵的装饰效果，尽显人类工艺技术的强大。

　　欧式风格的建筑多以规则式布局为主，讲求轴线与对称，如图3-1-17所示。植物造景也多整齐划一，强调人工改造自然，一般多采用雕塑结合群组花坛、剪型绿篱和行列式种植。常用的植物品种有七叶树、悬铃木、桧柏、花楸、蔷薇、海棠、欧洲白蜡等，造型丰富、耐修剪的树种有圆柏、侧柏、冬青、枸骨等，修剪造型时和整个建筑的造型相协调，力求简洁大方，通过控制高度与形态烘托建筑主体。同时，各种造型的花坛和花池色彩协调统一，植物根据所需要的造型进行选择，如图3-1-18和图3-1-19所示。

图3-1-17　巴洛克风格建筑外部的规则式植物配置

图3-1-18　欧洲建筑旁的植物配置（1）

图3-1-19　欧洲建筑旁的植物配置（2）

5. 现代建筑的植物配置

　　现代建筑与传统建筑最大的区别是工业发展给建筑业带来的新型建筑材料及新技术、新工艺的运用，如钢筋混凝土、玻璃幕墙、金属构件、环保材料等的广泛应用，使得现代建筑风格迥异，造型多变，类型不断增多，国际化趋势日渐明显。

现代建筑造型较灵活，形式多样。因此，配置植物时树种选择范围较宽，应根据具体环境条件、功能和景观要求选择适当树种，如白皮松、油松、圆柏、云杉、雪松、龙柏、合欢、海棠、玉兰、银杏、国槐、牡丹、芍药、迎春、连翘、榆叶梅等。栽植形式多样。现代建筑的植物配置如图3-1-20和图3-1-21所示。

图3-1-20 温室旁的植物配置

图3-1-21 现代建筑旁的植物配置

（二）不同功能建筑单体的植物配置

1. 公园的入口和大门的植物配置

入口和大门是园林的第一通道，形式多样，因此，其植物配置应随着不同性质、形式的入口和大门而异，要求和入口、大门的功能氛围相协调。常见的入口和大门的形式有门亭、牌坊、园门等。植物配置起着软化入口和大门的几何线条、增加景深、扩大视野、延伸空间的作用。

园门前往往空间开阔，因此，植物配置往往侧重空间视野和形成良好的画面感，如在公园入口大门两侧种植体型丰富的高大乔木、尖塔形的常绿树与枝叶开展茂密的阔叶树，延伸视线，扩大空间层次，如图3-1-22所示。

图3-1-22 公园入口植物配置

2. 亭的植物配置

园林中亭的类型多样，植物配置应和其造型与功效取得协调和统一。从亭的结构、造型、主题上考虑，植物选择应和其取得一致，如亭的攒尖较尖、挺拔、俊秀，应选择圆锥形、圆柱形植物，如枫香、毛竹、圆柏、侧柏等竖线条树为主。另外，结合亭的主题，应选择能充分体现其主题的植物。

从功效上考虑，碑亭、路亭是游人多且较集中的地方，植物配置除考虑其碑文的含义外，主要考虑遮阴和艺术构图问题。花亭周边多选择和其题名相符的花木。亭周围的植物配置如图3-1-23和图3-1-24所示。

3. 茶室周围植物配置

茶室周围应选择有色彩或香味的花灌木，如南方茶室前多植桂花，桂花飘香，气氛宜人。

4. 厕所等建筑的植物配置

厕所等观赏价值不高的建筑，通常选择竹、珊瑚树、藤木等植物，尽量减少观赏价值高的花果植物的使用，如图3-1-25和图3-1-26所示。

图3-1-23　景观亭周围的植物配置

图3-1-24　亭子附近的植物配置

图3-1-25　厕所周围的植物配置

图3-1-26　观赏价值不高的建筑掩藏在植物中

5. 棚架、花架

棚架是园林绿化中较常见、造型较丰富的构筑物之一。生长旺盛、枝叶茂密、开花观果的攀缘植物是棚架、花架绿化的基础，可应用的种类达百种，常见如紫藤、藤本月季、油麻藤、炮仗花、忍冬、勒杜鹃（三角梅/叶子花）、葡萄、络石、凌霄、铁线莲、葫芦、牵牛花、茑萝、使君子等。具体应用时，还应根据缠绕、卷攀、吸附、棘刺等不同类型及木本、草本不同习性，结合花架大小、形状、构成材料等综合考虑，选择相应的植物种类和种植方式，如图3-1-27和图3-1-28所示。

杆、绳结构的小型花架，宜配置蔓茎较细、体量较轻的种类；对于砖、木、钢筋混凝土结构的大、中型花架，则宜选用寿命长、体量大的藤木种类；对只需夏季遮阴或临时性花架，则宜选用生长快，一年生草本或冬季落叶的类型。对于卷攀型、吸附型植物，棚架上要多设些间隔适当且便于卷缠、吸附之物；对于缠绕型、棘刺型植物则应考虑适宜的缠绕、支撑结构，并在初期对植物加以人工辅助牵引。

图3-1-27　凌霄廊架

图3-1-28　廊架上攀爬的三角梅

三、建筑外环境不同方向的植物配置

植物与建筑搭配，不仅要考虑建筑的风格、周围的环境和人的需求，还要考虑建筑的朝向、部位等。建筑外环境植物配置主要考虑的是小气候问题，光照、温度、通风等不同，形成环境差异。

1. 南面

建筑物南面因阳光充足，温度高，植物生长条件优越，一般多为建筑主要观赏面和出入口。在建筑南向的植物配置多选择观赏价值高、季相明显的乔木、灌木相搭配，营造四时有景的景观效果，如玉兰、雪松、碧桃、丁香等都是常用树种。有时考虑突出入口和建筑主体，并满足底层采光需求、开阔视野，还常结合黄金叶、福建茶、九里香、海桐、黄杨、小檗、女贞、连翘、榆叶梅、月季等造型植物、低矮花灌木和草花地被进行配置。建筑南面植物布置如图3-1-29所示。

图3-1-29　建筑南面选择观赏价值高的植物

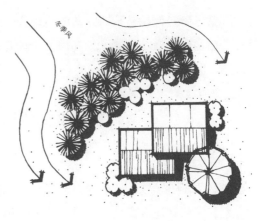

图3-1-30　植物布置在建筑的西北面

2. 北面或背阴面

建筑物北面或背阴面以漫反射光为主，比较阴，采光弱，除夏季午后有少许漫反射光外，冬日采光稀少，同时风力较大、温度较低，因此此处首先考虑选择耐荫、抗风树种，但需注意株距，不影响有限的光照。若空间开敞，还可以考虑进行群植，采用多植物层次群落，或选用耐荫灌木，这样抵御冬季寒风效果更佳。因大多数植物喜阳，耐荫又兼具抗风耐寒树种有限，建筑北向一直为植物设计中的难点。植物布置在建筑的西北面，防御冬季的西北风，如图3-1-30所示。

3. 东面

建筑物东面一般上午有直射光，日中减弱，约下午3时后为庇荫地，整日光照与温度变化不大，适合大部分植物及稍耐荫的植物生长，植物设计比较灵活。

4. 西面

建筑物西面一般上午为庇荫地，下午形成西晒，尤以夏季为甚，光照时间虽短，但温度高，西面墙吸收积累热量大。为了防西晒，一般选用喜光、耐燥热、不怕日灼的树木，如图3-1-31和图3-1-32所示。

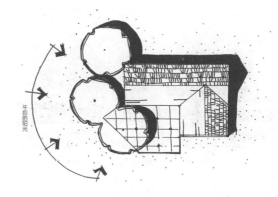

图3-1-31　植物布置在建筑的西面

图3-1-32　建筑西面种植植物防西晒

常绿树如铁冬青、侧柏、合欢；落叶树银杏、玉兰、悬铃木、碧桃、海棠、紫叶李等；还可设计一些防西晒的藤本植物，如在墙面条件允许下栽植的爬山虎或于西面设置花廊、花架种植的凌霄、紫藤等。

四、建筑局部的植物配置

1. 建筑基础配置

建筑物周围的植物配置应考虑通风和采光问题，植物不能离得太近，不能太多地遮挡建筑的立面，同时还应考虑建筑基础不能影响植物的正常生长，如图3-1-33所示。

在墙基保护方面，要求在墙基水平范围3m内不种植深根性乔木，应种植根较浅的灌木和草本，如图3-1-34所示。

图3-1-33　建筑周围的大树应与建筑拉开距离

图3-1-34　建筑物墙基边不种植深根性乔木、灌木

2. 建筑前植物配置

应考虑树形、树高和建筑相协调，同时大树应与建筑保持一定的距离，并应与门、窗间错种植，以免影响通风采光，如图3-1-35所示。公共建筑前植物设置应考虑游人的集散，不能塞得太满。

3. 建筑门的植物配置

园林中门的应用很多，并有众多的造型。建筑门口的植物多为对植，通过姿态、色彩和线条丰富建筑构图，增加生机与活力，软化入口单调的几何线条。以门为框，通过植物配置，与路、石等形成精致的艺术构图，不但可以入画，还可以扩大视野，延伸视线，如图3-1-36所示。

4. 建筑窗的植物配置

窗是建筑良好的取景框（图3-1-37），通过窗可以将室外的风景尽收眼底，还可以形成很好的框景和生动画面。在窗口植物配植时要考虑室内的观赏效果，不要影响采光和视线通畅（图3-1-38和图3-1-39）。窗框的尺度是固定不变的，植物却不断生长，生长中体量增大会破坏原来画面。因此，要选择生长缓慢或体型变化不大的植物，如芭蕉、南天竹、孝顺竹、苏铁、棕竹、软叶刺葵等，近旁可再配些尺度不变的剑石、湖石等，增添其稳定、持续的景观效果。

图3-1-35　建筑前植物配置不影响建筑采光

图3-1-36　庭院门口植物配置

图3-1-37　窗是建筑良好的取景框

图3-1-38　窗前植物保证隐私、不影响建筑通风采光

图3-1-39　建筑旁栽植乔木应不影响建筑采光

5. 建筑墙面的植物种植

墙体是建筑的主要内容，墙体绿化不仅可以改善墙体的外观，同时还可以隔热保温。一般的墙面都是用藤本植物或经过整形修剪及绑扎的观花、观果灌木，辅以各种球根、宿根花

卉作为基础栽植。苏州园林中的白粉墙常起到画纸的作用，通过配植观赏植物，用其自然的姿态与色彩作画。

在园林中利用建筑南墙良好的小气候，种植不耐寒但观赏价值较高的植物，形成墙景。常用的种类有紫藤、爬山虎、地锦、蔓性月季、猕猴桃、葡萄、美国凌霄、绿萝、迎春等。

一般对于建筑的西墙多用地锦、中华常春藤等攀缘植物、观花、观果小灌木，甚至极少数乔木行垂直绿化，减少太阳的日晒。据测定，夏季可以降低室内温度3~4℃。

墙面绿化除采用直接附壁的形式外，也可在墙面安装条状或网状支架，供植物攀附。可酌情用于墙面的局部装饰并需考虑墙面的温度等生态条件，如图3-1-40所示。

图3-1-40　墙体绿化改善建筑外观

要注意墙体绿化可能带来的隐患，比如由于藤本植物的枯萎而造成的墙体污染，或是盆栽换土过程中引来的墙体脏、坏，因此在管理方面需及时修正。

6. 角隅的植物配置

建筑的角隅线条生硬，用植物配置进行软化和打破，很有效果，如图3-1-41所示。灌木或草本可成丛种植。角隅也可略做地形，置石栽草，再植花灌木组景。如选乔木，宜小型，一般宜选择观叶、观花、观果、观干类植物，如罗汉松、桂花、鸡蛋花、芭蕉、紫叶李、红枫、黑松、散尾葵等。

图3-1-41　用植物软化和打破生硬的建筑角隅

任务实施

以2~3人为一组，调研校园或周边典型建筑不同方向、主次入口的植物配置情况，分析优势与劣势，并提出改进意见，以PPT形式课堂汇报。

教学效果检查

（1）你了解园林建筑的不同方向（东、南、西、北）的种植环境差异吗？

（2）你了解不同风格、不同功能的植物配置要求吗？

（3）你了解建筑的墙基和角落植物配置的要求吗？

（4）你了解建筑的主要出入口植物配置的要求吗？

（5）通过本次学习，你对自己所住建筑的植物配置有新的认识吗？

（6）你认为本学习任务还应该增加哪些方面的内容？

思考与练习

一、名词解释

（1）障景

（2）框景

（3）漏景

（4）借景

二、选择题

（1）在植物配置时，门和窗是很好的（　　）。

　　A．植物材料　　　　B．建筑材料　　　　C．框景材料　　　　D．建筑小品

（2）古典园林中植物与景观配置的种类有（　　）。

　　A．主路与植物　　　B．水景与植物　　　C．山体与植物　　　D．建筑与植物

（3）纪念性的园林建筑植物配置常用松柏（　　）。

　　A．自然原则　　　　B．自然与对称原则　　C．对称规则式

（4）屋顶花园植物应选择（　　）植物。

　　A．耐水　　　　　　B．耐旱耐寒　　　　　C．阴性　　　　　　D．不耐修剪

三、简答题

（1）植物配置对园林建筑有哪些作用？

（2）简述建筑不同朝向（东南西北）的环境特点及植物选用要点。

（3）简述建筑墙的植物配置要点。

四、素材收集、赏析与评价

（1）收集5张优秀的建筑与植物配置图片，从专业的角度进行赏析与评价。

（2）收集2张优秀的庭院植物配置图片，从专业的角度进行赏析与评价。

（3）收集2张优秀的四合院植物配置图片，从专业的角度进行赏析与评价。

（4）收集2张优秀的屋顶花园植物配置图片，从专业的角度进行赏析与评价。

（5）收集所在校园的图书馆、教学楼植物配置，分析它们的优点与缺点，并提出建设性
　　意见。

任务二　道路的园林植物造景配置设计　_ ⊡ ×

🗐 知识要求

1. 描述我国现行城市道路规划绿地率要求。
2. 列举城市道路绿地类型和布局形式。
3. 说明城市道路植物造景的原则。

🗛 技能要求

1. 能够针对所在地的气候特点进行行道树的选择与配置。
2. 能够针对所在地的道路类型进行行道树的选择与配置。
3. 能够根据中央及两侧分车带的宽度进行分车带植物造景。

🗓 能力与素养要求

1. 具有较好的资料整理与论文写作能力。
2. 具备现场把控与解决实际问题的能力。
3. 在道路植物造景中要结合城市文化，适当应用市树、市花等市民喜好的植物。

🖉 工作任务

收集所在城市主干道路植物造景的资料与图片，对学校附近某一主干道路进行植物配置改造。

📖 知识准备

城市道路绿地是城市的"骨架"，它像绿色飘带，以"线"的形式联系着城市中分散的"点"和"面"的绿地，从而组成城市园林绿地系统，如图3-2-1所示。城市道路绿化是城市对外的窗口，是体现城市绿化风貌与景观特色的重要载体，反映城市的生产力水平、市民的审美意识、生活习俗、精神面貌、文化修养等，其优劣直接影响到一个城市的景观品质。

城市道路景观具有组织交通、美化街景、调节温度和湿度、降低风速、减少噪声等功能。随着城市的发展和人们对城市环境质量要求的日益提高，城市道路绿化应运用先进的景观设计方法，遵循生态学原理，充分挖掘地域文化特色，为人们创造良好的生活和工作环境。

图3-2-1　两板三带式景观大道

一、城市道路基本知识

1. 城市道路绿地设计专用术语

城市道路绿地设计专用术语是与道路相关的专用术语，设计中必须掌握。

（1）道路红线。在城市规划图纸上划分出的建筑用地与道路用地的界线。常以红色线条表示，故称为道路红线。

（2）道路总宽度。道路总宽度也叫路幅宽度，即规划建筑线（道路红线）之间的宽度。

（3）道路绿地率。我国现行城市规划有关标准规定：园林景观路（林荫道）绿地率不得小于40%；红线宽度大于50m的道路绿地率不得小于30%；红线宽度在40～50m的道路绿地率不得小于25%；红线宽度小于40m的道路绿地率不得小于20%。

2. 城市道路分类

按在道路网中的地位和交通功能分：快速路、主干路、次干路、支路4类，如图3-2-2至图3-2-5所示。按道路的承载体分：铁路、公路、步行街、人行道等。按道路绿地分：人行道绿带、分车绿带、交通岛绿地、交通广场和停车场绿地等。

图3-2-2　快速路

图3-2-3　主干路

图3-2-4　次干路

图3-2-5　支路

3. 道路绿地作用

（1）改善城市环境。道路绿地有净化空气、降低噪声、降低辐射热、保护路面和遮阴等改善环境的作用，如图3-2-6所示。

（2）组织交通。街道两侧、中心环岛和立交桥四周、人行道、分车带、街头绿地等的植物绿化都可以起到组织城市交通的作用。

（3）形成景观、美化环境，如图3-2-7所示。

（4）形成生态廊道，维持生态系统的平衡。

（5）防灾屏障及救灾通道。道路绿地具备特定的防护功能，能有效起到防风、防火等作用。

图3-2-6　提供遮阴

图3-2-7　美化景观

二、道路绿地断面布置形式

城市道路绿化断面布置形式是规划设计所用的主要模式，取决于道路横断面的构成。我国目前采用的道路断面形式常见有一板两带式、两板三带式、三板四带式、四板五带式和其他形式。

1．一板两带式

一板两带式即一条车行道，两条绿化带。这是道路绿化中最常用的一种绿化形式。中间是车行道（机动车与非机动车不分开），两侧为绿化带，种植一行或多行行道树。两侧的绿化带中以种植高大的行道树为主。一板两带式剖立面示意图如图3-2-8所示，景观布置示例如图3-2-9所示。

优点：简单整齐，用地经济，管理方便。

缺点：对车行道没有进行分隔，上下行车辆、机动车辆和非机动车辆混合行驶时，不利于组织交通，容易发生交通事故。当车行道较宽时，行道树的遮阴效果较差，景观相对单调。

图3-2-8　一板两带式剖立面示意图

图3-2-9　一板两带式

一板两带式适合车辆较少的次干道、城市支路和居住区道路。

2．两板三带式

中间用一条分车绿带将上行车道和下行车道进行分隔，两侧有两条绿化带，构成两板三带式绿带，这种形式对城市面貌有较好的景观效果。两板三带式剖立面示意图如图3-2-10所示，景观布置示例如图3-2-11所示。

优点：用地较经济，可减少或避免机动车间事故的发生。

缺点：不能避免机动车与非机动车之间争道的矛盾，导致容易发生交通事故。

两板三带式多用于机动车较多而非机动车较少的地段，如高速公路和入城道路。

3．三板四带式

利用两条分车绿带将车行道分成三条，中间作为机动车行驶的快车道，两侧为非机动车行驶的慢车道，加上人行道上的绿化带，呈现三板四带的形式。其绿化量大，夏季庇荫效果较好，组织交通方便，安全可靠，解决了机动车与非机动车混行、互相干扰的问题。三板四带式剖立面示意图如图3-2-12所示。

图3-2-10 两板三带式剖立面示意图

图3-2-11 两板三带式

优点：使街道美观，卫生防护效果好，组织交通方便。

缺点：用地面积大，不经济。

三板四带式多用于城市主干道，尤其在非机动车多的路段较适合。

分车绿化带宽1.5～2.5m时，以种植花灌木或绿篱造型植物为主；2.5m以上时，可以种植乔木。

4．四板五带式

在三板四带式的基础上，再用一条绿化带将快车道分为上下行，就成为四板五带式布置。这种形式避免了相向行驶车辆间的相互干扰，有利于提高车速、保障安全。但道路占用的面积会随之增加，因此，在用地较为紧张的城市不宜采用。如果道路面积不宜布置五带，则可用栏杆分隔，以节约用地。四板五带式剖立面示意图如图3-2-13所示，景观布置示例如图3-2-14所示。

图3-2-12 三板四带式剖立面示意图

图3-2-13 四板五带式剖立面示意图

图3-2-14 四板五带式

优点：方便各种车辆上行、下行互不干扰，有利于限定车速和保证交通安全；绿化量大，街道美观，生态效益显著。

缺点：占地面积大，不经济。

四板五带式多用于车辆较多的城市主干道或城市环路系统。

5. 其他形式

随着城市的发展扩大，部分城市道路已不能适应车辆日益增多的局面，不少城市将原有的双向车道改造成单行道，这就改变了传统的道路划分方式。一般在临近住宅、山坡、河道等地方的道路多为一板一带式。一板一带式剖立面示意图如图3-2-15所示，景观布置如图3-2-16所示。

理想状态的景观道路为六板七带式，人车完全分流，如图3-2-17和图3-2-18所示。

图3-2-15　一板一带式剖立面示意图

图3-2-16　一板一带式

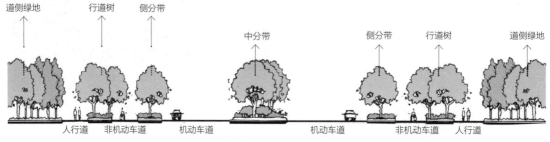

图3-2-17　六板七带式剖立面示意图

图3-2-18　六板七带式

三、城市道路植物配置的原则

在城市道路植物造景中需统筹考虑道路的功能、性质、人性化和行车要求、景观空间构成、立地条件以及与其他市政公用设施的关系。

1. 保障行车、行人安全原则

道路植物造景首先要遵循安全原则，保证行车与行人的安全。需考虑以下三个方面的问题：行车视线要求、行车净空要求、行车防眩要求。

（1）行车视线要求。道路中的交叉口、弯道、分车带等的植物造景对行车的安全影响最大，这些路段的植物景观要符合行车视线的要求。如在交叉口设计植物景观时应留出足够的透视线，以免相向往来的车辆碰撞；在弯道外侧的树木应沿边缘整齐、连续栽植，预告道路线形变化，引导驾驶员行车视线。视距三角形：当纵横两条道路呈平面交叉时，两个方向的停车视距构成一个三角形。视距三角形范围内，不宜有阻碍视线的物体，在进行植物景观设计时，视距三角形内的植物高度应低于0.7m，以保证视线通透。

（2）行车净空要求。各种道路设计已根据车辆行驶宽度和高度的要求规定了车辆运行的空间。各种植物的枝干、树冠和根系都不能侵入该空间内，以保证行车净空的要求。

（3）行车防眩要求。在中央分车带上种植乔木、灌木或绿篱，可防止相向行驶车辆的灯光照到对方驾驶员的眼睛而引起其目眩（图3-2-19），从而避免或减少交通意外。如果种植绿篱，参照驾驶员的眼睛与汽车前照灯高度，绿篱高度应比驾驶员眼睛与车灯高度的平均值高，故一般采用1.5~2.0m。如果种植灌木球，种植株距应小于冠幅的5倍，如图3-2-20所示。

图3-2-19　防止夜间对向眩光　　　　　图3-2-20　中分带绿篱应保证一定高度

2. 道路绿地要求与城市道路的性质、功能相适应

步行街的树木不能过于高大，以免挡住店家招牌，如图3-2-21所示。居住区道路与交通干道植物配置不同，以免过于单调，如图3-2-22所示。

图3-2-21 步行街行道树

图3-2-22 居住区道路植物配置

3. 道路绿地应起到应有的生态功能

道路绿化植物造景要遵循生态化原则，要尽量保留原有湿地、植被等自然生态景观，运用灵活的植物造景手段，在保证现有绿地生态功能的同时，体现较强的景观艺术性，使道路及其周围植物景观不仅具备引导行驶的功能，还兼具景观生态学倡导的对自然的调节功能，如图3-2-23所示。

4. 要与街景环境相协调，形成优美的城市景观

与城市自然景色（地形、山峰、湖泊等）、历史文物以及现代建筑有机地联系在一起，如图3-2-24所示。

图3-2-23 保留背景原有生态林

图3-2-24 道路植物景观与城市建筑有机地联系

5. 应考虑城市的气候特点，选择适宜的园林植物

适地适树，要根据本地区气候、栽植地的小气候和地下环境条件选择适于该地生长的树木，以利于树木的正常生长发育，抵御自然灾害，保持较稳定的绿化成果。树形、色彩、香味和季相等有所不同。主干道路的标准要高，形式要丰富。

6. 应与街道上的交通、建筑、附属设施和地下管线等协调考虑

为了交通安全，道路绿地中的植物不应该遮蔽交通管理标志，要留出公共站台的必要范围以及保证乔木有适当高的分枝点，不致刮碰到大客车的车顶。道路绿地设计时应考虑地下构筑物和附属设施的影响，同时要将沿街各种建筑对绿地的个别要求和全街的统一要求进行协调，如图3-2-25为行道树设计前未与地下管线构筑物相协调。其中，对重要公共建筑的

美化和对居住建筑的防护尤为重要。

7. 应考虑城市土壤条件、养护管理水平等因素

有一些城市的土壤成分比较复杂，一般不利于植物生长，而换土、施肥又会受到限制，其他方面如浇水、除虫、修剪也会受到管理手段、管理水平和能力的限制，这些因素在设计上也应兼顾。如图3-2-26所示为路旁设计大量需修剪的球苗，后期难以管理，效果差。

8. 近期与远期相结合的原则

道路植物景观从建设开始到形成较好的景观效果往往需要十几年时间，因此要有长远的观点，将近期、远期规划相结合。近期内可以使用生长较快的树种，或者适当密植，以后适时更换、移栽，充分发挥道路绿化的功能。如图3-2-27所示为道路旁大量堆砌修剪的地被和球苗，未考虑长远。

图3-2-25 行道树设计前未与地下管线构筑物相协调

图3-2-26 路旁设计大量需修剪的球苗

图3-2-27 道路旁大量堆砌修剪的地被和球苗

四、城市道路植物选择与配置

道路绿化包括行道树绿化、分车带绿化、林荫带绿化和交通岛绿化四个组成部分，绿化规划在与周围环境协调的同时，四个组成部分的布局和植物品种的选择应密切配合，做到景色的

相对统一，为充分体现城市的美观大方，不同的道路或同一条道路的不同地段要各有特色。

（一）行道树绿带设计与植物选择

行道树是城市道路的主要景观形式，也是最为普遍的植物造景形式。行道树主要是为行人及非机动车提供庇荫。在一个城市中，行道树的种植代表着城市的形象。

1. 行道树配置的基本方式

行道树绿带的布置形式多采用对称式，两侧的绿带宽度相同，植物配置和树种、株距均相同。一般而言，行道树的种植主要有树池式和树带式两种，如图3-2-28和图3-2-29所示。

（1）树池式。在交通量大、行人较多而人行道较狭窄的地方，宜采用树池式，树池之外为地面硬质铺装。为了防止行人踏实，可使树池边缘高于人行道8～10cm。若树池低于路面，应在上面加有漏空的池盖，与路面同高。树池盖板由预制混凝土、铸铁、玻璃钢等各种材质制成，目前也有在树池中栽种耐荫性地被植物等。树池的形状有正方形、长方形和圆形等。正方形树池以1.5m×1.5m合适；长方形树池以1.2m×2m为宜；圆形树池以直径不小于1.5m为佳。

（2）树带式。在人行道和行车道之间留出一条不加铺装的种植带，如图3-2-30所示，可起到分隔护栏的作用。种植带宽度一般不小于1.5m，视不同宽度可采用多种方式配置。

①乔木+草坪：上层种植乔木，下层种植草坪。可用单一乔木的种植形式（图3-3-31），整齐划一。也可不同乔木间植，如常绿与落叶结合，速生与慢生结合。如银杏和香樟间植，

图3-2-28　行道树树池种植形式

图3-2-29　行道树树带种植形式

图3-2-30　树带式种植形式

图3-2-31　单一乔木种植形式

银杏属于落叶大乔木，香樟属于常绿大乔木，将落叶和常绿进行搭配，产生季相变化，从而可以弥补上层乔木下层草坪的单调的缺点。

②乔木+常绿灌木绿篱：上层种植乔木，下层种植常绿灌木，常绿灌木经过整形修剪，使其保持一定的高度和形状。乔木、灌木按照固定的间隔排列，有整齐划一的美感，如图3-2-32所示。

③乔木+灌木、绿篱+花卉、草坪：上层种植乔木，中层种植灌木、绿篱，下层种植花卉、草坪，形成上、中、下复层搭配形式，并通过图案的设计，从而使绿带达到丰富的色彩美和构图美，这是目前使用最普遍的形式。

在同一街道采用同一树种、同一株距的对称方式，沿车行道及人行道整齐排列，既可起到遮阴、减噪等防护功能，又可使街景整齐而有秩序性，体现整体美，尤其是在比较庄重、严肃的地段，如通往纪念堂、政府机关的道路上。若要变换树种，一般应从道路交叉口或桥梁等处变更。

道路断面不规则或道路两侧绿带的宽度不同时，宜采用不对称布置形式，如图3-2-33所示。如山地城市或老城市道路较窄时，采用一侧种植行道树，一侧设置照明路灯和地下管线。

在弯道上或道路交叉口时，行道树的树冠不得进入视距三角形范围内，以免遮挡驾驶员视线，影响行车安全。

图3-2-32 乔木、灌木搭配种植形式　　　　图3-2-33 采用不对称布置形式的街道绿化

2. 行道树的基本要求

（1）定干高度。行道树的定干高度主要考虑交通的需要，要有一定的枝下高（一般应在2.5~3.5m），以保证车辆、行人安全通行。根据其功能要求、交通状况、道路性质、宽度及行道树距车行道距离而定，如图3-2-34所示。

（2）株行距。行道树株行距一般根据植物的规格、生长速度、交通和市容的需要而定。一般高大乔木可采用6~8m，以保证必要的营养面积，使其正常生长，总的原则是以成年后树冠能形成较好的郁闭效果为准。同时也便于消防、急救、抢险等车辆在必要时穿行。设计种植树木规格较小而又需在较短时间内形成遮阴效果时，可缩小株距，一般为2.5~3m，等树冠长大后再行间伐，最后定植株距为5~6m。小乔木或窄冠型乔木行道树一般采用4m的株距，如图3-2-35所示。

图3-2-34　行道树定干高度统一

图3-2-35　不同品种的乔木种植形式

（3）遮阴作用。要求对行人、车辆起到遮阴作用，而且能防止临街建筑被暴晒。树干中心至路缘外侧不得小于0.75m，以利于行道树的栽植和养护，也为了树木根系的均衡分布，防止倒伏。

3. 行道树选择的原则

行道树绿带设置在人行道和车行道之间，以种植行道树为主。主要功能是为行人和车辆遮阴，减少机动车尾气对行人的危害。行道树选择应遵循以下原则。

（1）选择适应当地气候、土壤环境的树种，以乡土树种为主。乡土树种是经过漫长的时间，适应当地气候、土壤条件，自然选择的结果。华南地区可选用椰子、榕属、木棉（图3-2-36）、台湾相思、凤凰木、大王椰子、银桦、树菠萝等。也可选用已经适应当地气候和环境的外来树种。

（2）优先选择市树、市花，彰显城市的地域特色。市花、市树是一个城市文化特色、地域特色的体现，如北京老城区的古槐树、广州的木棉、南京的法桐、天津的绒毛白蜡、成都的木芙蓉等，无不体现城市的地域特色。

（3）选择花果无毒、无臭、无刺、无飞絮、落果少的树种。行道树还应能方便行人和车辆行驶，不污染环境，因此，要求花果无毒、无臭味、落果少、无飞毛。银杏作为行道树应选择雄株，以免果实污染行人衣物；垂柳、旱柳、毛白杨也应选择雄株，避免大量飞絮产生。

（4）选择树干通直、寿命长、树冠大、荫浓且叶色富于季相变化的树种。要求主干通直、分枝点高、冠大荫浓、萌芽力强、耐修剪、基部不易发生萌蘖、落叶期短而集中，大苗移植易于成活。

（5）在沿海城市或一般城市的风口地段选用深根性树种。要选择那些耐干旱瘠薄、抗污染、耐损伤、抗病虫害、根系较深、干皮不怕阳光暴晒、对各种灾害性气候有较强抵御能力的耐粗放管理的树种。

4. 常用的行道树

常用的行道树有悬铃木、银杏、国槐、毛白杨、白蜡、合欢、梧桐、银白杨、圆冠榆、白榆、旱柳、柿树、樟树、广玉兰、榉树、七叶树、重阳木、小叶榕、银桦、凤凰木、相思树、糖胶树、洋紫荆、木棉、蒲葵、大王椰子等。

南方常用行道树：小叶榕、大叶榕、高山榕、绿化杧果、小叶榄仁（图3-2-37）、火焰木、人面子、樟树、阴香、桃花心木、假苹婆、蓝花楹（图3-2-38）等。

北方常用行道树：悬铃木、国槐（图3-2-39）、苦楝、白蜡（图3-2-40）、合欢、毛白杨、千头椿、栾树、银杏、乌桕、白玉兰（图3-2-41）等。

如北京的行道树有国槐、泡桐、毛白杨、银杏、柏树、油松、白蜡等。杭州的行道树种有樟树、无患子、栾树、珊瑚朴、悬铃木、杜英、乐昌含笑、广玉兰等。

图3-2-36　华南地区的木棉

图3-2-37　深圳深南大道的小叶榄仁

图3-2-38　蓝花楹大道

图3-2-39　北京老城区的国槐

图3-2-40　天津的绒毛白蜡

图3-2-41　玉兰小支路

（二）分车带的植物造景

分车带植物景观是道路绿带景观的重要组成部分，种植设计应从保证交通安全和美观角度出发，综合分析路形、交通情况、立地条件，创造出富有特色的道路景观。

1. 分车带分类

分车带包括中央分车带、两侧分车带和机非隔离带。目前，我国分车带按照绿带宽度分为1m以下、1～3m和3m以上三种。隔离带的宽度是决定绿化形式的主要因素。

2. 分车带植物配置形式

（1）绿带宽度1m以下。以种植灌木、地被植物或草坪为主，不宜种植大乔木，如图3-2-42所示。

（2）绿带宽度1～3m。以种植小乔木为主，也可在两株乔木间种植花灌木、地被植物，组成复合式景观，增加色彩，尤其是常绿灌木，如图3-2-43所示。这种形式绿化效果较为明显，绿量大、色彩丰富，高度也有变化，缺点是修剪管理工作量大，管理不到位时会影响驾驶员视线。

（3）绿带宽度3m以上。可采用乔木、灌木、绿篱、花卉、地被植物和草坪多种形式相互搭配。注重色彩的应用，形成良好的景观效果。这是一种应大力提倡的绿化带种植形式，绿量最大，环境效益最为明显。特别适合宽阔的城市道路和城市新区、开发区新修的道路，如图3-2-44所示。

图3-2-42　简约中央分车带（宽度1m以下）

图3-2-43　中分带的植物景观（宽度1~3m）

图3-2-44　中分带景观（宽度3m以上）

（三）路侧绿地设计

路侧绿地是城市道路绿地的重要组成部分。路侧绿带与沿路的用地性质或建筑物关系密切，有的要求有植物衬托，有的要求绿化防护。因此，路侧绿带应根据相邻用地性质、防护和景观要求进行设计，并在整体上保持绿带连续、完整和景观效果的统一，如图3-2-45和图3-2-46所示。

由于路侧绿带宽度不一，植物配置各异。步行道绿带在植物造景上应以营造丰富的景观为宜，可采用乔木、灌木、花卉、地被、草坪形成立体的花境，使行人在步行道中感受道路的美观舒适，如图3-2-47所示。

路侧有建筑物时，当建筑立面景观不美观时可用植物遮挡。当路侧绿带濒临江、河、湖、海等水体时，应结合水面与岸线地形设计成滨水绿带，在道路和水面之间留出透景线，如图3-2-48至图3-2-51所示。

图3-2-45　两侧分车带（侧立面）

图3-2-46　两侧分车带（正立面）

图3-2-47　步行道绿带

图3-2-48　路侧建筑基础绿带

图3-2-49　满足建筑采光的路侧植物景观

图3-2-50　路侧绿地植物组合

图3-2-51　路侧绿带留出透景线

（四）中心岛绿地设计

　　中心岛绿化是交通绿化的一种特殊形式，主要起疏导和指挥交通的作用，是为会车、控制车流行驶路线、约束车道、限制车速而设置在道路交叉口的岛屿状构造物，如图3-2-52和图3-2-53所示。

　　中心岛一般是不允许游人进入的观赏绿地，设计时要考虑方便驾驶员准确、快速识别路口，又要避免影响视线，因此，不宜选择高大的乔木，也不宜选用过于华丽、鲜艳的花卉，以免分散驾驶员的注意力。通常绿篱、低矮灌木、草地是较合适的选择，有时结合雕塑等构筑物布置。

图3-2-52　道路中心岛绿地　　　　　　　图3-2-53　十字路口环岛绿地

案例分析——福建晋江世纪大道景观改造设计

1. 简介

　　该项目位于福建省晋江市，世纪大道像一条长龙贯穿晋江南北，全长约22公里。2012年4月，世纪大道晋江人雕像至晋光路段改造，全长约7.5公里，道路景观改造工程由岭南生态文旅股份有限公司负责，整个项目工程18天完成，采取地形营造，节点控制，植物搭配上进行多品种、多层次的交叉组合的手法。完成后形成地被、草皮、灌木、乔木错落有致、色彩灵动、曲线优美、层次分明、极富韵律的景观效果，精心装点后的大道为提升城市形象织绣了一条靓丽的彩带，给人以通透亮丽、清新明快的感觉。该项目于2016年荣获广东省绿化养护优良样板工程金奖。

2. 设计理念

城市道路绿化景观是一系列变化的构图，本项目的设计理念是兼顾统一性，体现差异性。在保证道路整体景观一致性的基础上，让视线节点沿交通道路展开序列化。本项目植物配置整体模式一致，每段中分带风格有所差别，植物景观统一中有变化，避免单调无差别，如图3-2-54所示。在整体植物密度分布上，均为中间疏，两侧密。风格上，道路两旁侧分带均为自然分布密林，中分带景观适度变化，大体上分为"入城迎宾段、城区景观段、郊野休闲段"三部分，入城迎宾段（图3-2-55）主要以花纹、组团为特色，营造热烈氛围；城区景观段（图3-2-56）主要以精致丰富、多样变化的植物组团为主，贴合闹市商业的主题；郊野休闲段（图3-2-57）则主要以简单的纯林为主。三种植物配置风格进行区分，从大处着眼，统一中求变化。植物配置充分考虑了行车速度，中分带的植物配置自然过渡，植物组团各具特色，而又相互和谐，与远处的山脉相映成趣，给人生动活泼、自然和谐的不同视觉效果和美的感受。

图3-2-54　二板三带道路断面形式

图3-2-55　入城迎宾段

图3-2-56　城区景观段

图3-2-57　郊野休闲段

3. 部分实景图及植物配置要点

中央分隔带组团形式（1）及配置细节如图3-2-58和图3-2-59所示。

图3-2-58　中央分隔带组团形式（1）

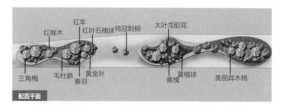

图3-2-59　部分路段配置细节参考

配置要点：鸡冠刺桐和美丽异木棉为观花、观形大乔木；黄槐为花期长的观花小乔木；三角梅为易开花灌木；红叶石楠、红车、红继木为红叶灌木；黄榕球、黄金叶为黄叶灌木；毛杜鹃、龙船花为观花草本；春羽为优良观叶植物。植物配置在色彩、图案、层次、大小、明暗上规律性的重复或交替使用，植物组团各具特色，通过形成不同的天际线与林缘线，提高景观的可赏性。植物配置见表3-2-1。

表3-2-1　植物配置表（1）

序号	植物名称	规格		序号	植物名称	规格	
		树高/cm	冠幅/cm			树高/cm	冠幅/cm
1	鸡冠刺桐	250～300	200～220	7	黄榕球	100～120	100～120
2	美丽异木棉	600～900	350～450	8	春羽	40～50	35～40
3	黄槐	150～180	120～180	9	毛杜鹃	30～35	30～35
4	三角梅	100～120	80～100	10	大叶龙船花	35～40	30～35
5	红叶石楠球	130～150	120～130	11	红继木	25～30	20～25
6	红车	100～150	60～80	12	黄金叶	30～40	25～30

中央分隔带组团形式（2）及配置细节如图3-2-60和图3-2-61所示。

图3-2-60　中央分隔带组团形式（2）

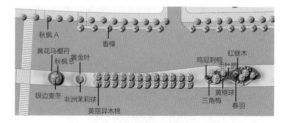

图3-2-61　部分路段配置细节参考

配置要点：在中央分车带掉头范围采用通透式的栽植设计，以保证行车安全。在掉头视线范围内点缀观赏性较强的秋枫，并列植美丽异木棉，风格既统一，又富有变化。鸡冠刺桐、秋枫和美丽异木棉为落叶大乔木，樟树为常绿大乔木；三角梅为易开花灌木；黄榕球、非洲茉莉球为易养护球形灌木；红继木形成红篱，黄金叶形成黄篱；毛杜鹃、马缨丹为特色观花草本；春羽、银边麦冬为优良观叶、观形草本。植物配置见表3-2-2。

表3-2-2　植物配置表（2）

序号	植物名称	规格		序号	植物名称	规格	
		树高 /cm	冠幅 /cm			树高 /cm	冠幅 /cm
1	鸡冠刺桐	250 ~ 300	200 ~ 220	8	非洲茉莉球	160 ~ 180	180 ~ 200
2	秋枫 A	400 ~ 450	200 ~ 250	9	春羽	40 ~ 50	35 ~ 40
3	秋枫 B	450 ~ 500	350 ~ 400	10	毛杜鹃	30 ~ 35	30 ~ 35
4	香樟	350 ~ 400	300 ~ 350	11	黄花马缨丹	25 ~ 30	20 ~ 25
5	美丽异木棉	500 ~ 600	200 ~ 250	12	红继木	25 ~ 30	20 ~ 25
6	三角梅	100 ~ 120	80 ~ 100	13	黄金叶	30 ~ 40	25 ~ 30
7	黄榕球	100 ~ 120	100 ~ 120	14	银边麦冬	20 ~ 25	20 ~ 25

中央分隔带组团形式（3）及配置细节如图3-2-62和图3-2-63所示。

配置要点：在中央分车带中间部分的植物组团中，应用银海枣、铁树两种特色植物结合灌木和草花营造新鲜感；大红花为自然形优良观花灌木；依据不同季节配置相应时令花卉，起到渲染气氛、丰富与提升景观效果的作用。植物配置见表3-2-3。

图3-2-62　中央分隔带组团形式（3）

图3-2-63　部分路段配置细节参考

表3-2-3　植物配置表（3）

序号	植物名称	规格		序号	植物名称	规格	
		树高 /cm	冠幅 /cm			树高 /cm	冠幅 /cm
1	银海枣	300 ~ 350	180 ~ 220	8	毛杜鹃	30 ~ 35	30 ~ 35
2	鸡冠刺桐	250 ~ 300	200 ~ 250	9	大叶龙船花	35 ~ 40	30 ~ 35
3	苏铁	90 ~ 100	110 ~ 120	10	红继木	25 ~ 30	20 ~ 25
4	美丽异木棉	500 ~ 600	200 ~ 250	11	黄金叶	30 ~ 40	25 ~ 30
5	红叶石楠球	130 ~ 150	120 ~ 130	12	大红花	50 ~ 60	30 ~ 40
6	三角梅	100 ~ 120	80 ~ 100	13	时花	—	—
7	春羽	40 ~ 50	35 ~ 40				

任务实施

道路植物绿化造景要满足交通与景观功能，配置形式以规则式为主，结合丛植、群植、植物组团等。应做到常绿植物与落叶植物、乔木与灌木、速生植物与慢生植物合理搭配。

1．植物品种选择

如人面子、假苹婆、香樟、蓝花楹、紫薇、四季桂、红车、三角梅、福建茶、黄金叶、花卉和地被植物。

2．确定配置技术方案

在选择好植物品种的基础上，确定合理配置方案，绘出植物初步设计平面图，完成种植设计图和效果图。

教学效果检查

（1）你能说出城市道路绿地类型有哪些吗？

（2）在道路绿地规划中，你能够灵活结合规则式和自然式的种植设计吗？

（3）你知道分车绿带与两侧绿带的规划差异吗？各自的重点在哪里？

（4）你对自己在本学习任务中的表现是否满意？

（5）你认为本学习任务还应该增加哪些方面的内容？

思考与练习

一、名词解释

（1）道路红线

（2）二板三带

（3）视距三角形

二、填空题

（1）城市道路绿化横断面类型分_____、_____、_____等。

（2）行道树的种植方式常用的有_____和_____两种。

三、选择题

（1）城市道路植物配置树种选择的（　　）原则，是指分别选择适合当地立地条件的树种。

　　A．适地适树　　　　　　B．科学　　　　　　　C．因地制宜

（2）道路各种绿带常可配植成复层混交的群落，应选择一批（ ）小乔木及灌木。

  A. 喜光的   B. 耐寒的   C. 耐荫的

（3）园路中平坦笔直的主路两侧植物配植常用（ ）配植，最好观花乔木为上木，观花灌木为下木。

  A. 自然式   B. 混合式   C. 规则式

（4）蜿蜒曲折的园路，不宜成排成行，而以（ ）配植为主，有高有低，有疏有密，有挡有敞，有草坪、花池、灌丛、树丛、孤立树，甚至有水面、山坡、建筑小品等不断变化。

  A. 自然式   B. 混合式   C. 规则式

（5）城市道路植物配置树种选择原则应（ ）。

  A. 以乡土树种为主   B. 以引入树种为主   C. 只要本地植物

四、判断题

（1）在视距三角形内布置植物时，其高度一般不得超过0.7m。   （ ）

（2）漏景就是框景。   （ ）

（3）行道树常用的种植方式有树带式、树池式两种。   （ ）

五、简答题

（1）行道树种选择应具备哪些基本条件？请列举华南地区常见行道树5种以上。

（2）道路绿化的内容有哪些？

（3）行道树绿化设计要点有哪些？

（4）简述园林主路、次路或小路园路植物配植要点。

六、素材收集、赏析与评价

（1）收集3张城市景观大道的图片，从专业的角度进行赏析与评价。

（2）收集3张城市绿道的图片，从专业的角度进行赏析与评价。

（3）收集3张公园或小区园路的图片，从专业的角度进行赏析与评价。

（4）收集3张道路交通岛的图片，从专业的角度进行赏析与评价。

（5）收集所在城市的2条主干道的绿化情况，给予专业的分析和评价。

任务三　水体的园林植物造景配置设计　　　— ⊡ ×

🗐 知识要求

1. 区别园林中水体的不同类型及主要用途。
2. 列举水生植物的分类及应用。
3. 说明水生植物与湿生植物的区别与联系。

⚖ 技能要求

1. 针对水体植物造景，能够对常用20多种水生植物进行熟练设计应用。
2. 能够针对不同类型的水体进行水面和水岸植物的应用设计。

🎖 能力与素养要求

1. 在植物造景设计中要具备专业技能的综合应用能力。
2. 在植物造景设计中既要善于借鉴传统园林的精华的能力，更要具备创新、超越能力。
3. 在水体植物造景设计中要具备利用植物对水体进行净化与修复的能力。

⚙ 工作任务

选择校园或周边典型水体进行现状调查、分析与评价，针对水面、驳岸、水岸植物配置提出改造意见。

📖 知识准备

水是造园的四大要素之一，是园林中最具灵性的要素，在我国古典园林中无园不水。在城市绿地、公园建设和大型标志性建筑中，人工湖泊、人工河道及景观水池不断涌现，房地产开发中水景住宅也成为一大热点。

园林中的各类水体，无论作为主景、配景，还是小景，均借助植物来丰富景观层次和增强景观效果。

一、园林水体的类型

园林水体按水流的状态分为静态水和动态水。各类水体如图3-3-1至图3-3-8所示。

1. 静态水

静态水较为平静，如景观中的湖、池、潭等，能反映出倒影，给人以明洁、恬静、开朗、幽深等感受。

2. 动态水

动态水给人以清新明快、激动兴奋之感，如瀑布、喷泉、溪流、涌泉等。按照水运动的形式不同，动态的水又可分为以下3种形式：

（1）流动的水。水道、溪流、水涧。

（2）跌落的水。瀑布、水梯、水墙、水帘、壁泉。

（3）喷涌的水。各种类型的喷泉。

图3-3-1　自然式大型水体

图3-3-2　自然式中型水体

图3-3-3　微型水体

图3-3-4　微型喷泉

图3-3-5　景观镜面水池

图3-3-6　溪流和深潭

图3-3-7　瀑布

图3-3-8　跌水

二、水体在园林中的用途

（1）观赏性。如喷泉、瀑布、池塘等，都以水体为题材，水成为景观的重要构成要素，也引发无穷的诗情画意，如图3-3-9所示。

（2）改善环境、调节气候、控制噪声。

图3-3-9　观赏性水景

图3-3-10　提供娱乐场所

图3-3-11　静水区的船模

图3-3-12　公园水域的垂钓

（3）提供体育、娱乐活动场所。如游泳、划船、冲浪、漂流、水上乐园等，如图3-3-10至图3-3-12所示。

（4）提供观赏性水生动物和植物的生长条件，为生物多样性创造环境。如种植多种水生植物荷、莲、芦苇等，饲养天鹅、鸳鸯、锦鲤等。

（5）汇集、排泄天然雨水。

三、水生、湿生植物在园林中的应用

水生、湿生植物是园林水景的重要构景要素，水体的植物配置前提需要了解水生植物与湿生植物的品种和特性等。

（一）水生植物

水生植物指能够长期在水中正常生活的植物。水生植物起到丰富水体空间、装点驳岸、美化净化水体、保护生物多样性，为各种鱼类、鸟类，甚至微生物提供了良好的生活栖息地，维持生态平衡，兼具较高的观赏价值与生态价值。

水生植物根据其生活方式与形态特征的不同，可划分为挺水、浮叶、浮水（漂浮）、沉水等类型，如图3-3-13所示。每种水生植物都有其独特性。

图3-3-13　水生植物分类

1. 挺水植物

挺水型水生植物相对高大，特点是茎、叶挺出水面，植株挺拔，绝大多数有茎、叶之分，下部的根茎深入泥中，有些种类具有肥厚的根状茎或在根系中具有发达的通气组织。此类观赏植物种类繁多，代表植物有荷花、千屈菜、再力花、水葱、菖蒲、水生美人蕉、鸢尾、香蒲、芦苇、花叶芦竹、旱伞草、紫芋、慈姑、茭白、泽泻、梭鱼草、灯芯草、鱼腥草等。

由于该类植物植株高大，花色鲜艳，大多有茎和叶的分化，而且类型多样，是水体造景中应用广泛的类群之一。该类植物使水体有了立体景观效果，多应用于水景园的岸边浅水和湿地，如图3-3-14和图3-3-15所示。

图3-3-14　挺水植物

图3-3-15　观赏性挺水花卉

2. 浮叶植物

浮叶型水生植物的茎纤弱，不能直立，根状茎发达，生于水底的泥中，叶和花漂浮于水面。代表植物如睡莲、王莲、芡实、萍蓬草、水罂粟、菱等，如图3-3-16和图3-3-17所示。

该类植物是水体界面绿化、美化的重要植物类群。尽管没有挺水植物增加水体景观立体效果的功能，但是其色彩丰富的花朵、美丽的叶片在改变水面色彩、增加水面景观效果方面有非常重要的作用。

图3-3-16　浮叶植物

图3-3-17　睡莲的花和茎

3. 漂浮植物

漂浮植物与浮叶类植物的不同之处在于它的根不生于泥土中，全株直接漂浮于水面上，多数以观叶为主。代表植物有凤眼莲、大漂、萍、水鳖草、满江红、槐叶萍等，如图3-3-18所示。

该类植物植株漂浮于水面，与浮叶类植物一样，是绿化、美化水体界面的类群。漂浮不定在景观营造中是一个不利的因素，因此，漂浮型水体景观植物在造景过程中需要框定范围，以确保景观的稳定性，如图3-3-19所示。

图3-3-18　凤眼莲泛滥，占据整个湖面

图3-3-19　框定范围

4. 沉水植物

沉水型水生植物根茎生于泥中，整个植株沉入水体，通气组织发达。叶多为狭长或呈丝状，主要以观叶、观形为主。代表植物有金鱼藻、苦草、眼子菜、角果藻等。

该类群植物由于植株沉于水中，只有花朵部分露出水面，在大型园林水体造景方面运用不多。小型水体，特别是水体浅、水质清澈的水体，该类群植物能营造幽深、神秘、宁静的气氛，如图3-3-20和图3-3-21所示。如黄花狸藻的黄色花朵、狐尾藻的白色花朵均有此效果。日常生活中以在水族箱中观赏为主，利用观赏水草营造良好家庭水景。

图3-3-20　沉水植物

图3-3-21　"水下森林"系统

（二）湿生植物

湿生植物是生长在过度潮湿环境中的植物。有两种环境条件适宜湿生植物生长。一种是土壤中充满水分，光照条件充足的环境条件，这类湿生植物称为阳性湿生植物，水体附近生长的苔草等属于此类。另一种是土壤足够湿润的情况下，空气中充满水分的环境条件，这种情况下光照条件常常不好，生长的植物称为阴性湿生植物，热带、亚热带的阴暗森林中生长的一些植物属于此类。湿生植物如图3-3-22和图3-3-23所示。

严格来讲，湿生植物不属于水生植物。但在有些地方，湿生植物归为广义上的水生植物。

图3-3-22 落羽杉湿生林

图3-3-23 北海红树林湿地

四、水面、驳岸与水岸等的植物配置

园林中的各类水体，无论是主景还是配景，不管是静态水景还是动态水景，都需要借助植物来丰富景观。水景植物根据其生理特性和观赏习性可以分为水面植物、驳岸植物和水岸植物三大类，通过水生植物、湿生植物和岸上的乔木、灌木与地被、草坪结合，可塑造多层次立体的水体景观效果。

（一）水面植物配置

水面植物配置是扩大水体空间感觉、增添园林情趣的重要因素，水面的植物配置对整个水体景观有重要影响。

水面植物的选择应以水面高为主要考虑因素。沼泽地至1m水深的水面，以挺水与浮叶植物为适，如荷花、水葱、芦苇、荸荠、慈姑、睡莲、菱等；1m以上深度的水面以浮水植物为适，如水浮莲、红菱、绿浮萍等。水生植物占水面比例要适当，植物所占水面一般不大于总水面的1/3，水面植物配置不宜拥挤。植物配置设计要与岸边植物搭配，注意虚实结合，疏密有致。

1. 大水体

大面积水体设计时，可以将开阔的水面空间分成动、静不同区域，针对区域特点和水面

图3-3-24　大水面种植的芦苇（夏）

图3-3-25　大水面种植的芦苇（冬）

功能进行植物布置，力求有对比、有疏密。要在有限的空间中留出充足的开阔水面，用来展现倒影和水中游鱼，增强趣味性。

大水体可单一栽植，如种植单一的荷花或芦苇等，如图3-3-24和图3-3-25所示；也可以混合种植，做到主次分明，形体、高低、叶形、叶色及花期、花色对比协调。可以观赏结合生产，种植荷花、芡实、芦苇等。南北方水面植物的种类差别不是很大，基本上是荷花、睡莲、王莲、荇菜、萍蓬、菖蒲、鸢尾、芦苇、水藻、千屈菜等，在接近岸边的地方，还可以种植水芋、灯芯草、薄荷、香蓼、毛茛等。漂浮在水面和沉入水中的则以水藻类植物为主，如各种藻类。

2．小水体

随着园林事业的发展和人们审美情趣的提高，小型水景园得到了广泛的应用，例如在公园局部景点、居住区花园、街头绿地、庭院、屋顶花园都有很多的应用实例。小面积的水体，多点缀种植水生观赏花卉，如荷花、睡莲、王莲、香蒲、水葱等。

3．喷泉、叠水

喷泉、叠水是动态水，由于其体态精致、声色俱佳，往往在园林中成为环境焦点和视觉中心。喷泉和叠水的形式也是层出不穷，水池喷泉、旱池喷泉、景墙叠水、小品叠水林林总总。针对这类水体，在进行植物配置时多强调对于主景的烘托，不能喧宾夺主。植物配置宜简洁大方，以完善构图为主，形成很好的背景衬托或形成框景画面。

（二）驳岸植物配置

驳岸指建于水体边缘与陆地交界处，为防止岸壁被水体冲刷或水淹破坏而设置的垂直构筑物，如图3-3-26和图3-3-27所示。曲折优美的驳岸线是园林水景重要的景点，驳岸分为石岸、混凝土岸和土岸等。我国园林中采用石驳岸和混凝土驳岸居多。

驳岸的形式多种多样，植物的配置模式也有很多种。驳岸植物配置遵循"适地适树、因地制宜"的生态原则。在对树种进行选择时，除了要了解设计场地的生态环境条件以外，还需要综合考虑当地风土人情、象征树种、四季景色等。

驳岸植物要选用耐水植物，低矮灌木可以遮挡河池驳岸，如迎春、木芙蓉使池岸含蓄、

图3-3-26　生态驳岸

图3-3-27　硬质亲水缓坡驳岸

自然、多变。在驳岸植物的选择上，除了通过迎春、垂柳、连翘等柔长纤细的枝条来弱化工程驳岸的生硬线条外，还可在岸边栽植其他花灌木、地被、宿根花卉及水生花卉（如鸢尾、菖蒲等），丰富滨水植物景观。另外，许多藤本植物（地锦、凌霄、炮仗花等）都是很好的驳岸绿化材料。

1. 石岸

石岸线条生硬、枯燥，植物配置原则是有遮有露，岸边经常配置垂柳和迎春等植物，让细长柔和的枝条下垂至水面以遮挡石岸。同时，配以花灌木和地被植物（鸢尾、黄菖蒲、地锦等）进行局部遮挡，增加活泼气氛。

（1）规则式石岸。规则式石岸线条生硬，柔软多变的植物可补其拙。一些大水面规则式石岸，可用花灌木和藤本植物，诸如夹竹桃、南迎春、地锦、薜荔等来局部遮挡，活泼气氛。如苏州拙政园规则式的石岸边种植垂柳和南迎春，细长柔软的柳枝下垂至水面，圆拱形的南迎春枝条沿着笔直的石岸壁下垂至水面，遮挡了石岸的不美观。

（2）自然式石岸。自然式石岸有美、有丑，植物配植时要露美、遮丑，植物应用同规则式石岸。自然式石岸如图3-3-28所示。

2. 混凝土岸

目前许多人工池塘为混凝土岸，岸线处理成几何曲线，植物序列也是在这种几何曲线的逐步延伸中逐渐展开，如图3-3-29所示。在曲线突出位置紧靠岸线种植婆娑的乔木或大灌木，并配以置石；而在曲线凹进部位将植物往内退，以此强化岸线的曲折。

3. 土岸

土岸通常由池岸向池中做成斜坡，如

图3-3-28　自然式石岸（小水面）

图3-3-29　混凝土岸（大水体）

果是草坡则一直延伸入水，水中种植水菖蒲、芦苇、慈姑、凤眼莲等植物。岸边植物配置忌等距离、同树种、同样大小，甚至整形式修剪或者绕岸一圈栽植，造成单调、呆板的结果。应结合地形、道路、岸线布局，做到远近相宜、疏密有致、断续相接、弯曲多变、自然有趣。

英国园林多为自然式土岸，岸边植物配植多以草坪为底色，常种植大批宿根、球根花卉，引导游人到水边赏花。

在国内，岸边种植花灌木居多，如迎春、连翘等，还有的种植小乔木及姿态优美的孤植树，尤其是变色叶树种，一年四季都有色彩。杭州植物园山水园的土岸边，植物配置具有4个层次，高低错落，延伸到水面上的迎春枝条以及水中的倒影颇具自然之趣。早春有红色的山茶、红枫，黄色的迎春，白色的杜鹃及芳香的含笑；夏有合欢；秋有桂花、枫香、鸡爪槭；冬有马尾松、杜英。四季常青，色香俱全。

（三）水岸植物配置

水岸植物多与水面通过驳岸相隔，其作用主要在于形成水面到陆地的过渡，沿岸植物景观设计是滨水绿化设计成败的关键所在。在植物配置方面则是要根据不同水体类型以及周边的整体环境特征，灵活运用各类植物，以符合整体立意的要求。岸边耐水湿植物景观设计以乔木、灌木为主体，结合耐水湿的地被植物。注意林冠线、水景透视线、景观层次和色彩效果等。在季相上宜以秋景的色彩与层次或春景的艳丽与翠绿为主，注意与水生植物的结合与呼应。

1. 以树木构成主景

岸边的乔木、灌木主要衬托园林水景，丰富岸边景观，形成优美的林冠线。高大乔木创造水岸立面景色，并结合虚幻、美丽的倒影，与水体空间形成优美构图，给人以良好的视觉效果。植物的选择上应选择湿生和中生植物。

南方水边植物的种类丰富，如水杉、落羽杉、水蒲桃、水石榕、串钱柳、垂榕、小叶榕、高山榕、羊蹄甲、木麻黄、桃花、夹竹桃、棕榈、蒲葵等。北方常植垂柳于水边，或配以碧桃、樱花，或栽植成丛月季、蔷薇等，春花秋叶，韵味无穷。可用于北方水边栽植的还有旱柳、枫杨、白蜡、棣棠、落羽杉、池杉、水松、竹类、槐树、蔷薇、木芙蓉、迎春花以及一些枝干变化多端的松柏类树木等。

可在开阔平坦的水岸边或浅滩处种植一片水杉林，大气壮观，每逢深秋，层林尽染，金黄一片，很有意境和韵味。

2. 利用花草或与湖石结合配置花木

花草栽在水边能加强水景的趣味，丰富水边的色彩。如万寿菊、芦苇等可突出季相景观，同时也富于野趣。在冬季，水边的色彩较单调，倘若在湖畔设置耐寒而又艳丽的盆栽小菊，便可以添色增辉。在配置水边植物时，多采用草本或落叶的木本植物，使水边的空间有变化，花草品种丰富，可以更换，丰富景观，如图3-3-30所示。

3. 透景线

在有景可借的水边种树时要留出透景线。配置植物时可选用高大乔木，加宽株距，利用树干、树冠等形成框景。如北京颐和园选用大桧柏，将万寿山的前山构成有主景、有层次的景观。

4. 构图

水边植物配置应该讲究构图。水平方向的水面与垂直方向的树形及线条，形成丰富的艺术构图。在我国园林中，自古水边主张植以垂柳，形成柔条拂水，同时在水边种植落羽松、池松、水杉及具有下垂气生根的小叶榕等，均能起到线条构图的作用。还要注意应用探向水面的枝、干，尤其是似倒未倒的水边大乔木，以增加水面层次和赋予野趣。

5. 色彩

主要以水体的天然色与植物的不同颜色来组成一幅幅生动的画面，如水边碧草、绿叶，水中蓝天、白云，绚丽的开花乔木、灌木及草木花卉等，如图3-3-31所示。如济南环城公园水边的蔷薇、趵突泉枫溪岛上的柿树等。

图3-3-30　用花草或与湖石结合配置

图3-3-31　水边彩叶植物与景观构筑物

（四）堤的植物配置

堤是横亘在水边或跨越水面的带状陆地，在园林中并不常见，多见于大型河道、人工水体或自然水面，常将大水面划分成若干个尺度对比明显的水域。

堤多与桥相连，通过桥体连通水系。著名的苏堤通过六座拱桥将西湖偌大的水面一分为二，为游人提供了悠闲漫步而又观瞻多变的游赏线。堤两侧的植物配置多以行列式为主，其间种植常绿或观花类乔木、灌木，强调高低有序、疏密有致。常见的植物有柳树、桃树、侧柏、紫薇等。

著名的苏堤（图3-3-32和图3-3-33）在植物配置上以植柳为主，还栽植了玉兰、樱花、芙蓉、木槿等多种观赏花木，一年四季姹紫嫣红、五彩缤纷。并随着时序变换、晨昏晴雨而氛围不同、景色各异。如诗若画的怡人风光也使苏堤成了人们常年游赏的好去处。

北京颐和园西堤是当年乾隆皇帝仿西湖苏堤而建，是颐和园昆明湖中一道自西北逶迤向东南的长堤。不一样的是，苏堤是笔直的，而西堤是蜿蜒曲折的。西堤上共计有六座桥，沿岸柳树种植也是模仿苏堤，以杨和柳为主，如图3-3-34所示。

图3-3-32　杭州苏堤入口

图3-3-33　苏堤春晓

图3-3-34　颐和园西堤以杨和柳为主

图3-3-35　广州流花湖公园湖堤的蒲葵

广州流花湖公园湖堤两旁种植了两排蒲葵，如图3-3-35所示。由于水中反射光强，蒲葵的趋光性导致其朝向水面倾斜生长，富有动势。远处望去，游客往往疑为椰林。

（五）岛

四面环水的小块陆地称为岛屿。园林中的岛是水面的点景，既可远观，也可登临近赏。岛屿景观强调观赏的整体感，岛屿的植物配置强调增加其空间层次和突显其视觉效果，丰富构图和提升色彩丰富度。因此，在设计中常选用彩叶植物与季相变化明显的乔木、灌木为主。营造丰富的植被观赏景观，同时也为鸟类和其他动物提供更多的栖息地。岛屿也被公认为维持物种多样性的重要景观地带。

（六）湿地植物配置

湿地与森林、海洋并称为地球三大生态系统，是自然界中最为丰富的一种水体景观，在世界各地分布广泛，也被称为"地球之肾"，对于涵养水源、净化水质、调蓄洪水、美化环境、调节气候等都具有不可替代的作用。湿地因人类的活动而日益减少，因此它又是全世界范围内亟待保护的自然资源。近些年来，随着生态环境建设的重视，湿地景观也日渐成为设计热点。

湿地景观的特点是自身物种丰富、生态系统强大，其功能大于形式，如图3-3-36至图3-3-38所示。景观设计手法也不同于其他类型，以保护为主，尽量减少人工介入和构筑，保护原有植被，保持低洼地形和水面，丰富其生物多样性，尽量减少人工的游览娱乐项目对湿地景观的干扰，如图3-3-39所示。

图3-3-36　湿地中的纪念景观

图3-3-37　红树林湿地保护区景观

图3-3-38　红树林根系下躲藏的招潮蟹

图3-3-39　减少人工介入和干扰的湿地景观

任务实施

校园或周边水体的水面、驳岸与水岸植物品种选择与配置素材收集、分析与评价，以小组PPT形式汇报。

（1）水景的类型。

（2）水面植物品种选择、配置分析与评价。

（3）水岸植物品种选择、配置分析与评价。

（4）混凝土岸与石岩植物配置的分析与评价。

（5）植物配置改造建议。

教学效果检查

（1）你是否明确本任务的学习目标？

（2）你知道常见的水景类型有哪些吗？

（3）你能说出水体植物配置的形式有几种吗？

（4）你掌握大水体与小水体植物配置的区别吗？

（5）你能针对石岸、混凝土岸和土岸的不同采取不同的植物配置方案吗？

（6）你是怎样理解岸边乔木和花卉应用重要性的？

（7）你对自己在本学习任务中的表现是否满意？

（8）你认为本学习任务还应该增加哪些方面的内容。

思考与练习

一、名词解释

（1）水生植物

（2）湿生植物

（3）挺水植物

（4）浮叶植物

二、填空题

（1）水面适宜种植的常见水生植物有_____、_____、_____等。

（2）水岸种植常见的乔木有_____、_____、_____等。

（3）水生植物根据植物对水深的不同适应性，可分为挺水植物、_____、_____、

　　　　_____、_____。

三、选择题

（1）水生花卉在园林造景中，具有特殊的地位，下列（　　）属于浮水花卉。

　　A. 荷花　　　　　B. 睡莲　　　　　C. 水葱　　　　　D. 香蒲

（2）下列哪种植物是湿生植物？（　　）

　　A. 池杉　　　　　B. 旱柳　　　　　C. 雪松　　　　　D. 王莲

四、简答题

（1）园林中常见的水体类型有哪些？

（2）水体植物配置的形式有几种？

（3）湿地植物配置的核心要点是什么？

五、素材收集、赏析与评价

（1）收集3张国内外优秀的不同水体植物配置案例与图片，从专业的角度进行赏析与评价。

（2）收集3张国内外优秀的不同驳岸植物配置案例与图片，从专业的角度进行赏析与评价。

模块四

三类小型景观的植物造景设计

任务一　庭院植物造景设计与实践　　　　　　　　_ ⊡ ×

▣ 知识要求

1. 理解并掌握庭院的特点。
2. 列举不同风格的庭院特色。
3. 解析庭院绿化的原则。

⚖ 技能要求

1. 能够根据庭院特点独立完成各类庭院植物景观设计。
2. 能够独立制定设计方案，绘制植物景观设计的总平面图和节点效果图。

⚋ 能力与素养要求

1. 了解业主喜好与需求，结合业主的个人情趣和文化品位进行设计。
2. 庭院植物造景要善于应用中国的传统名花、名树，兼顾修身养性。

⚒ 工作任务

针对自家或某处的庭院进行植物造景设计。制作设计文本，分别利用CAD、SU、PS等完成绿化总平面图和部分节点效果图。

📖 知识准备

庭院是一块用于栽植观赏树木、花卉、果木、蔬菜与地被植物的场地，它往往经过合理的人工布局，并结合山石、水体、建筑小品等景观，形成具有一定功能性与个性的可供人们欣赏、休息、娱乐、活动的生活空间。庭院作为人们生活场所的一部分，作为大自然的一个缩影，开始受到越来越多的关注。而家庭庭院作为家居休闲的场所，其绿化美化一直被人们广泛关注。庭院因空间有限，其植物的选择与配置水平要求较高。

一、庭院的概念、特点及类型

1. 庭院的概念

庭院是指建筑物（包括亭、台、楼、榭）前后左右或被建筑物包围的场地，是由建筑与墙垣围合而成的室外空间。

2. 庭院的特点

庭院主要有以下特点：

（1）庭院边界较为明确，主要由围墙、栅栏等构筑物围合而成。

（2）庭院空间具有内、外双重性，它相对于建筑而言是外部空间，是外向的、开放的；相对于外围环境来说，则是内向的、封闭的。

（3）庭院与建筑联系紧密，在功能上相辅相成，景观上互相渗透。

（4）庭院是一种特殊的场所，能够满足人们休憩、交流、观赏、陶冶情操等多方面的需求，它还是人们缓解与释放压力的场所。

3. 庭院的类型

庭院按照使用者和使用特点不同，主要可以分为私人住宅庭院、公共建筑庭院和公共游憩庭院三种类型。

（1）私人住宅庭院。私人住宅庭院与人们日常生活密切相关，它是开展许多家庭活动的场所，如散步、就餐、晾晒、园艺活动、交流、聚会、休息、晒太阳、纳凉、健身运动、游戏玩耍等，它是人们生活空间的一部分，如图4-1-1所示。

（2）公共建筑庭院。公共建筑庭院主要指酒店、宾馆、办公楼、商场、学校、医院等公共建筑的庭院。此类庭院往往与人们的工作、学习、娱乐等活动相关，主要满足人们观赏、休憩、交流、等候等使用功能，如图4-1-2所示。针对不同类型的公共建筑庭院设计时，需根据具体使用对象的使用特点与功能要求，创造充满人性化的公共建筑庭院景观。

图4-1-1 私人庭院

图4-1-2 公共建筑庭院

（3）公共游憩庭院。公共游憩庭院是指被建筑、通透围墙围合的小面积开放性绿地，该类庭院可以独立设置，也可以附属于居住区、公园或其他绿地。公共游憩庭院使用人群较多，人流量也较大，以满足人们观赏、游览、休憩等使用功能为主，通常具有舒适宜人的游憩环境和赏心悦目的视觉效果。

二、庭院植物造景原则

1. 私密性

庭院绿化应做到能够闹中取静，保证私密性，使人获得稳定感和安全感，如图4-1-3所示。例如古人在庭院围墙的内侧常常种植芭蕉，芭蕉无明显主干，树形舒展柔软，人不易攀爬上去，既可遮挡视线增加私密性，又可防止小偷爬墙而入。

2. 舒适性

庭院绿化应该为使用者营造一个舒适的休息空间，例如空旷的庭院种植庭荫树来遮光，采用爬山虎进行墙壁绿化来降温；紧靠街道的庭院四周种植防护树，以降噪、吸尘，如图4-1-4所示。

3. 方便和安全

进院路径一般从院门直通住宅，其他小径可以打造曲径通幽的效果。

4. 易于养护

现代人生活节奏快，空闲时间有限，庭院种植的植物应比较容易养护。

5. 保证功能、体现个性

在供人们欣赏、休息、娱乐、活动等功能上，体现庭院的个性。

图4-1-3　围墙与绿植围合成私密性空间　　　　　图4-1-4　有舒适的休憩空间

三、不同风格庭院特色

庭院设计风格种类繁多，例如常见的中式、日式、欧式、美式、现代简约等，或简约时尚、或自然清新、或舒适休闲。不同的庭院设计风格各有特色，庭院是体现主人个性和品位的渠道，根据庭院大小以及业主的不同喜好，可以设计为业主所钟爱的庭院景观。

（一）中式庭院——泼墨山水

1. 设计理念

中式庭院有三个支流：北方的四合院庭院、江南的私家园林和岭南园林。其中以江南私家园林为主流，重诗画情趣、意境创造，贵于含蓄蕴藉，其审美多倾向于清新高雅的格调。园景主体为自然风光，亭台参差、廊房婉转作为陪衬。庭院景观依地势而建，注重文化积淀，讲究气质与韵味。中式庭院如图4-1-5至图4-1-8所示。

2. 造园手法

崇尚自然，师法自然。在有限的空间范围内利用自然条件，模拟大自然中的美景，把建筑、山水、植物有机地融合为一体，使自然美与人工美统一起来，创造出天人合一的艺术综合体。造园时多采用障景、借景、仰视、延长和增加园路起伏等手法。

3. 色彩图案

色彩应用较中和，多为灰白色。构图上以曲线为主，讲究曲径通幽。

4. 构筑物

中式庭院讲究风水的"聚气"，庭院是由建筑、山水、花木共同组成的艺术品，建筑以木质的亭、台、廊、榭为主，月洞门、花格窗式的黛瓦粉墙起到或阻隔或引导或分割视线和游径的作用。假山、流水、花草树木等是必备元素。

5. 植物

庭院植物一般有着明确的寓意和严格的配置形式。如屋后栽竹，厅前植桂，花坛种牡丹和芍药，阶前栽梧桐，转角植芭蕉，坡地选白皮松，水池放荷花，点景用竹子、配合石笋、石桌椅、孤赏石等，形成良好的庭院植物景观。

图4-1-5　中式风格庭院（1）

图4-1-6　中式风格庭院（2）

图4-1-7　中式风格庭院（3）

图4-1-8　中式风格庭院（4）

（二）日式庭院——提炼的自然

1. 设计理念

日本庭院源自中国秦汉文化，逐渐摆脱诗情画意和浪漫情趣，走向了枯寂化的境界。日式庭园有几种类型，包括枯山水（图4-1-9和图4-1-10）的禅宗花园、筑山庭以及质朴自然的茶庭。细节上的处理是日式庭院最精彩的地方。此外，由于日本是一个岛国，这一地理特征形成了它独特的自然景观。

2. 造园手法

日本传统庭院凭着对水、石、沙的绝妙布局，用质朴的素材、抽象的手法表达玄妙深邃的儒、释、道法理。

3. 色彩和图案

日式庭院整体风格是宁静、简朴，甚至是节俭的。里里外外都是泛着灰色，只有植物的纯净色彩增添庭院的生机，各种润饰也降到最低限度，如图4-1-11所示。

4. 铺地和材料

木质材料，特别是木平台，在日式风格的庭院中经常使用。在传统日式风格的庭院中，铺地材料通常选用不规则的鹅卵石和河石，如图4-1-12所示。

图4-1-9 传统的日式枯山水

图4-1-10 日式枯山水常用的元素（不规则石）

图4-1-11 日式庭院整体风格朴素

图4-1-12 日式庭院中常用的不规则置石

图4-1-13　日式园林中洗手的蹲踞

图4-1-14　庭院中的石灯笼

5. 特色和润饰

一尊石佛像或石龛或岩石是这类风格不可少的，同时，汀步和洗手的蹲踞（图4-1-13）及照明用的石灯笼（图4-1-14）是日本庭院的典型特征。在栽培容器方面，石器是比较传统的，多摆放在庭院中关键的位置。

6. 植物

应用常绿树较多，一般有日本黑松、红松、雪松、罗汉松、花柏等；落叶树中的色叶银杏、槭树，尤其是红枫以及樱花、梅花及杜鹃等。

（三）英式庭院——文明的自然

1. 设计理念

英式庭院设计把花园布置得有如大自然的一部分，无论是曲折多变的道路，还是自然式的地形、水体和植物搭配，体现出更为浓郁的自然情趣。

2. 造园手法

采用自然式造园手法。英式庭院向往自然、崇尚自然，对植物和道路等处理也较为自由。

3. 特色和修饰

英式庭院中没有浮夸的雕饰，没有修葺整齐的苗圃花卉，更多的是如同大自然浑然天成的景观。大面积的自然生长花草是典型特征；白色的铁艺桌椅是英式花园的必需品。主要元素：藤架、座椅、日晷。

4. 植物

英国人更喜欢自然的树丛和草地，尤其讲究借景，与园外的自然环境相融合，注重花卉的形、色、味、花期和丛植方式，多选择茂盛的绿叶植物和季节性草本植物，如蔷薇、雏菊、风铃草等。英式庭院示例如图4-1-15至图4-1-18所示。

图4-1-15　英式庭院（1）

图4-1-16　英式庭院（2）

图4-1-17　英式庭院（3）

图4-1-18　英式庭院（4）

（四）意式庭院——台地式

1. 设计理念

由于意大利半岛三面濒海，多山地丘陵，因而其园林建造在斜坡上。在沿山坡引出的一条中轴线上，开辟了一层层的台地、喷泉、雕像等。意式庭院对水的处理极为重视，借地形修成台阶渠道，从高处汇聚水源引流而下，形成层层下跌的水瀑，利用高低不同的落差压力，形成了各种形状的喷泉，或将雕像安装在墙面，形成壁泉。

2. 造园手法

采用规则式布局造园手法，在沿山坡引出的一条中轴线上开辟一层层的台地、喷泉、雕像等。

3. 特色和润饰

作为装饰点缀的小品形式多样，有雕镂精致的石栏杆、石坛罐、碑铭以及古典神话为题材的大理石雕像等，从而形成了很有自己风格的意大利台地式园林。必备元素：雕塑、喷泉、台阶水瀑。

4. 植物

植物采用黄杨或柏树组成花纹图案树坛，突出常绿树而少用鲜花。意式庭院示例如图4-1-19至图4-1-21所示。

图4-1-19　意式庭院小喷泉

图4-1-20　意式庭院雕塑跌水

图4-1-21　意式庭院图案花坛

（五）法式庭院——水景风情

1. 设计理念

受意大利规整式台地造园艺术的影响，法式庭院也出现了台地式园林布局，剪树植坛，建有果盘式的喷泉。但法国以平原为主，且多河流湖泊，地势平坦，因此呈平地上中轴线对称均匀规则式布局，其园林布局的规模显得更为宏伟和华丽。

2. 造园手法

采用规则式造园手法。将整个庭院的小径、林荫道和水渠分隔成许多部分；花坛的中央摆放一个陶罐或雕塑，周围种植一些常绿灌木，整形修剪成各种造型。

3. 构筑物

圆柱、雕像、凉亭、观景楼、方尖塔和装饰墙等，活动长椅也被广泛使用。

图4-1-22　法式庭院入口

4. 特色和润饰

日晷、供小鸟戏水的盆形装饰物、瓮缸和小天使，花草容器里种植可修剪植物。粗糙的小壁龛是这类庭院的典型特色。主要元素：水池、喷泉、雕像、修剪整齐的灌木。

5. 植物

欧洲七叶树、梧桐、枫树、黄杨、松树、铁线莲和郁金香等。植物采用黄杨或柏树组成花纹图案树坛。法式庭院示例如图4-1-22和图4-1-23所示。

图4-1-23　法式庭院

（六）美式庭院——自由、开放

1. 设计理念

美式庭院就像美国崇尚自由不羁的生活方式一样，充满随性的浪漫，力求舒畅、自然的田园生活情趣。简洁大气、亲近自然是美式庭院风格最显著的特征。美国人自由、开放、充满活力的个性对园林产生了深远的影响力，他们对自然的理解是自由活泼的，现状的自然景观会是其景观设计表达的部分，于是将开阔草坪、游泳池、秋千、躺椅、参天大树等加入景观中。在青草芬芳中喝下午茶、品甜点或露天烧烤等，以享受的态度面对生活。

2. 造园手法

美式庭院风格力求表现悠闲、舒畅、自然的生活情趣，也常运用天然木、石、藤、竹等质朴的材质，适合于大面积空间。庭院多有干净规整的大草坪，在看似自由随意的庭院中，追求舒适与实用并存。

3. 色彩和图案

抛弃了烦琐和奢华，既简洁明快，又温暖舒适。美式乡村风格的色彩以自然色调为主，绿色、土褐色最为常见，充分显现出乡间的朴实味道。

4. 植物

用植物营造出视野开阔的环境，并且大量使用大型乔木和草坪，小乔木应用不是很多，但是花卉类植物应用较多。美式庭院喜欢模拟自然界中林地边缘地带多种野生花卉错落生长的状态，以宿根花卉为主，搭配花灌木、球根花卉和一两年生花卉等，表现植物的个体美及植物组合的群体美。草坪、鲜花、雪松、水杉、梧桐、柳树以及一些灌木是一些必备元素。美式庭院示例如图4-1-24至图4-1-28所示。

图4-1-24 美式庭院（1）

图4-1-25 美式庭院（2）

图4-1-26 美式庭院（3）

图4-1-27 美式庭院（4）

图4-1-28 美式庭院（5）

（七）现代风格——简约而不简单

1. 设计理念

现代简约风格，以轻快简洁的线条和时尚的设计形式，给人一种明净、轻快、舒适的体验，往往能达到以少胜多、以简胜繁的效果。现代简约风格往往结合新材料、新技术、新工艺的运用，如玻璃、不锈钢金属构件、新型环保材料等的应用。在如今的快节奏生活中，简洁大方的装修风格倍受年轻人的推崇。任何建筑，只要不是典型的规则风格，都可以配合现代风格的庭院。

2. 造园手法

庭院中设置更多的休憩空间，增加庭院的舒适度。利用流畅的线条勾勒空间结构。

3. 色彩和图案

色彩的应用更加大胆而独具创意，图案更加简洁明快。

4. 特色和润饰

主要通过钢材、玻璃、复合材料等现代材料的应用，质感、园林小品、简单抽象元素的加入等突出庭院的新鲜时尚感。

5. 植物

精选乔木、灌木，配置花坛、花境等，具有造型风格的植物受欢迎。现代风格庭院示例如图4-1-29至图4-1-31所示。

图4-1-29 现代风格庭院（1）

图4-1-30 现代风格庭院（2）

图4-1-31 现代风格庭院（3）

四、庭院空间的营造

庭院空间是一个外边封闭而中心开敞的较为私密性的空间。植物除了可以作为绿化美化材料外，其在空间营造中也发挥着重要的作用。针对小空间的庭院，更要善于利用植物进行空间拓展。如营造共享的交往空间以及半封闭、半开敞的围合空间等。植物空间营造的表现形式有分隔、穿插、流通、深度表现等。

1. 空间分隔

庭院景观设计中常利用植物材料分隔景观空间。在庭院四周或局部可利用中低层乔木进行围合或遮挡，既可以保证私密性，使人获得稳定感和安全感，又可以降噪、防尘，还可以营造相对封闭的景观空间。可选的植物种类有樟树、铁冬青、广玉兰、南洋杉、火焰木、幌伞枫和罗汉松等。在相对私密的院子里，再通过利用小乔木或灌木进行不同功能区间分区，如休息空间、娱乐空间、赏景空间的分隔。通过成丛、成片的乔木、灌木进行相互隔离，进行空间分隔。往往利用中层植物及灌木作为庭院景观空间分隔的基本因素，这种围合的景观空间是相对开敞的。若在这个基础上再加上更多的中高层乔木的围合，那就可产生半开敞，甚至相对封闭的景观空间。

2. 空间穿插、流通

空间的相互穿插与流通能有效实现庭院中富于变化的空间感。在相邻空间设计成半开敞、半围合或是半掩半映的形式以及空间的连续或流通等，都会使空间富有层次感、深度感。一丛修竹、半树桃柳、夹径芳林，往往就能够造就空间之间互相掩映与穿插，达到"移步异景"的景观效果。

3. 空间深度表现

运用植物的连接与流转，使不大的空间具有曲折与深度感。可利用植物造就空间之间相互掩映与穿插，也可利用使用者喜好的小乔木或灌木进行分隔，如桂花、琴丝竹、罗汉松以及修剪整齐的红继木、黄金叶、福建茶、九里香和米仔兰等，达到移步异景、小中见大的景观效果。另外，植物的色彩、形体等合理搭配，也能产生空间上的深度感。

五、庭院植物选择与配置

庭院绿化利用地形将植物与建筑、山石、水体、小品有机地结合在一起。传统的中式庭院内植物配置常以自然式树丛为主，重视宅前屋后名花名木的精心配植，灵活应用如梅、兰、菊、桂花、牡丹、芭蕉、海棠等庭院花木，来烘托气氛，情景交融。传统的松、竹、梅配置形式，谓之"岁寒三友"，玉兰、海棠、迎春、牡丹、芍药、桂花象征"玉堂春富贵"。当代庭院中的植物配置继承了传统特色，并加以发展，形成了面向生态化、乡土化、景观化、功能化的特色。

只有精致的植物搭配，才能表现主人的情趣、品位。只有恰当的物种组合，才能使园林之景四时不同、阴阳有别。只有或苍郁、或疏淡、或柔媚、或刚劲的植物形态，才能造就千姿百态的园林美。

庭院内种植物，可以减少空气污染和噪声影响，创造一个空气清新、充满活力的环境。

（一）植物配置方式

依据不同特色的庭院选取不同类型的植物来搭配和衬托。植物配置方式基本有两大类：自然式和规则式。

1. 自然式庭院

中小型庭院中，可以栽植自然式树丛、草坪或盆栽花卉，使生硬的道路建筑轮廓变得柔和。尤其是低矮、平整的草坪能供人活动，更具有亲切感，使空间显得比实际更大些。自然式可分为中式庭院、日式庭院和英式庭院。自然式庭院如图4-1-32所示。

在庭院的角隅或边缘、在路的两侧可以栽植多年生花卉组成的花境或花丛，如由朴素的雏菊、颜色缤纷的郁金香、花色洁白的玉簪和葱兰组成。留下的空间可放置摇椅、桌凳供人休息。花境或花丛式的布置植株低矮，可扩大空间感，有良好的活动和观赏功能。

2. 规则式庭院

如果业主有足够时间和兴趣，可定期、细致地养护园中植物，则可选择较为规则的布局方法，将耐修剪的黄杨、石楠、黄金叶、福建茶、红继木等植物修剪成整齐的树篱或球类，让环境更华美和精致，尤其在欧式建筑的小庭院中，应用规则式整形树木较多。而这一风格可因地制宜用于大庭院或小局部。规则式庭院如图4-1-33所示。

图4-1-32　自然式庭院

图4-1-33　规则式庭院

（二）庭院植物的选择与配置

庭院植物种类不宜繁多，但也要避免单调，不可配置雷同，要达到多样统一。主要包括乔木、灌木、藤本植物、花卉和水生植物的配置形式。不同地方庭院植物的选择各异，华南地区因其独特高温多湿的自然环境，园林植物品种较为丰富，既可种植众多传统中广受欢迎的品种，又可兼容大量外来优良植物。庭院植物的选择难度和重点主要体现在乔木的品种与数量选择上。

1. 树木种类

庭院栽树是有讲究的，一是要熟悉植物生物学习性，是否会产生有毒、有害气体或花粉，二是根据植物生态学特性来确定是否会对环境光照、温度、水肥等产生不利影响。

对于不宜种植的植物品种，应予以回避。庭院因用于悠闲放松，不能种植有毒、有刺或香味过浓的植物。

（1）有毒植物。夹竹桃全株有毒，花香容易使人昏睡，降低人体机能；马蹄莲花有毒，误食会引起昏迷等中毒症状；郁金香花有土碱，过多接触，毛发容易脱落；石蒜全株有毒，如果误食会引起呕吐、腹泻等。还有变叶木、花叶万年青、一品红、五色梅、曼陀罗、黄蝉等有毒植物，这些都不宜庭院栽种。

（2）有刺植物。枸骨、虎刺梅、铁海棠和仙人掌等有刺植物。

（3）香味过浓植物。如盆架子花香浓烈，易导致人头昏，甚至呕吐。夜来香闻起来很香，但对人体健康不利。

2. 数量与体量的选择

空旷的庭院需要种植乔木来围护与遮挡，但考虑到房子的通风、采光及植物根系对建筑及地下设施的影响，乔木的数量和树体体量都不宜过大。树木数量过多会造成拥挤，既影响通风与采光，又容易滋生病虫。但数量相对好控制一点，一般一至几株，或孤植或丛植，少数品种可列植，如竹子或棕榈等。

（1）体量的选择是难点。在乔木的选择上，宜求精而忌繁杂。首先，慎用大体量树木，树体过高、冠幅过大的树不宜栽植于小庭院。有些树成年树体过大，容易造成庭院过于拥挤，影响通风与采光，也易导致住宅内阴暗潮湿，不利于健康，如小叶榕、高山榕、琴叶榕、桃花心木、海红豆、黄槿等。其次，生长过快的树也不宜栽植，容易对院墙、地下网线设施，甚至建筑造成破坏，如桉树、榕树类、相思树、南洋楹等速生树种。可以少量种植冠幅不是很大的中大型乔木，如上述提到的樟树、铁冬青、广玉兰、南洋杉、火焰木和幌伞枫等。搭配一些观赏性强的落叶乔木，如玉兰、美丽异木棉、木棉、鸡蛋花、石榴、紫叶李、枫树或刺桐等。但品种不能过多，避免给人杂乱感。也可靠院墙边植中型或小型常绿乔木，如千层金、桂花、假槟榔、酒瓶椰、竹子、芭蕉等。乔木下可搭配种植一些灌木与草本花卉，做到多层次结合。还可以选择一些体量不大、广受欢迎的名贵树或造型树，如罗汉松、金花茶、九里香和米仔兰等。

（2）庭院树木树型选择。萎蔫树、病树不宜栽种。有的树因曲而美、因曲而好，不可一概排斥。

3. 植物质感的应用

植物的质感是植物重要的观赏特性之一，却往往被人们忽视，它不如色彩引人注目，也不像姿态、体量为人们熟知，却能引起丰富的心理感受，在小空间的植物造景中起着重要的作用。植物的质感主要由枝干特征、叶片形状、立叶角度、叶片质地等构成。一般将其分为3类：粗质型、中质型和细质型。

粗质型植物通常具有粗大、革质、多毛多刺的叶片，如粗犷健壮的加拿利海枣、叶大而厚的琴叶榕、坚硬多刺的枸骨、直立坚硬且带刺的龙舌兰等，这类植物造成观赏者与植物间的可视距离短于实际距离的感觉，在家庭庭院中要谨慎使用，宜少而精。细质型植物看起来柔软、纤细，如枝条柔软、婀娜多姿的凤凰木；体态轻盈的鸡爪槭；枝条柔软、叶色金黄的千层金；叶色较浅的合欢；细弱、稀疏枝干的垂柳等。细质型植物细腻的质感使观赏者感觉空间显得比实际大，从而适于在家庭庭院小空间应用。除选择细质乔木外，灌木与草本的选择上，也宜以细质型植物为主，如红绒球、红车、红叶石楠、南天竺、文竹、麦冬、蔓花生、台湾草、酢浆草等。

园林中大部分植物都归为中质型，如樟树、桂花树，月季等，庭院配置植物时，可在中质型植物的基础上灵活配置细质型植物，也可少量使用粗质型植物。

4. 层次、色彩、季相等的兼顾应用

把握好植物的体量与质感外，还要兼顾到常规的搭配规律，如植物的层次、色彩、季相搭配等。庭院除了可以利用乔木进行围合外，也可以种植藤本蔷薇、炮仗花、三角梅、使君子、牵牛花等，使院墙变为"花墙"，还可配置1~2株业主喜欢的果树。在合理选择乔木品种与数量后，还要搭配灌木与地被植物，增加层次感。在灌木的选择上可以选择广受大众喜爱的九里香、米仔兰、含笑、茶花、神秘果等。另外，庭院中种植一些花草，通过不同的叶色、花色植物搭配，丰富视觉感受；通过常绿与落叶树的搭配，可感受季相与时空变化。还可以妙用盆栽、花箱、花台等，通过花草的修剪、除草和浇水等养护管理，增加参与性，起到修身养性的作用。

植物配置应特别注意植物群落的组成。从垂直结构看应有高低之分，从平面结构看应有前后之别。乔木、灌木、常绿落叶、速生和慢生，合理结合，适当配置和点缀一些花卉、草坪。

任务实施

庭院绿地一般由院路、铺装、植物、水景、小品等构成。植物在庭院空间中是非常活跃、极具表现力的要素，能带来美感，提升环境质量，丰富空间变化。

（1）对主体建筑以及周围环境进行综合分析，确定植物景观设计风格。

（2）根据庭院的尺度、小气候、土壤等生态环境，确定种植形式。

（3）利用植物界定空间、引导空间、形成边界等。

（4）庭院植物与小品、道路、水景等的配置。

（5）庭院植物的色彩、形态、质感等应用。

（6）完成绿化总平面图、植物配置表、季相分析图、节点效果图等。

（7）完成设计文本。

实操考核

考核内容和考核方法见下表：

序号	评分项目	评分标准	分值	得分
1	设计说明	能结合环境特点，说清设计理念、设计依据等，符合设计规范	5	
2	总平面图	图面设计美观大方，功能布局合理，能够准确地表达设计构思，符合制图规范	20	
3	植物配置说明	植物选择正确，种类丰富，配置经济、合理，植物景观主题突出，季相分明，易于维护。有苗木清单表（品种、规格、数量）、详细的植物配置大样图、季相分析图、植物小气候分析图等	35	
4	节点效果图	图形制作规范，图面设计美观大方，图纸完整	25	
5	鸟瞰图	图形制作规范，景观序列合理展开，景观丰富，图面设计美观大方	15	

任务二　屋顶花园植物造景设计与实践   _ ☐ ×

🗐 知识要求

1. 区别屋顶花园绿化类型。
2. 描述屋顶花园的环境特点。
3. 说明屋顶花园的荷载要求。
4. 解析屋顶花园植物造景原则。

🛆 技能要求

1. 能够针对屋顶天台的环境特点合理选择植物种类。
2. 能够独立进行屋顶花园植物造景设计。

🎖 能力与素养要求

1. 具有较好方案撰写、汇报的能力。
2. 在屋顶花园造景中要善于应用当地的乡土植物，既有好的景观效果，又能兼顾生态效应，改善人居环境。

⚡ 工作任务

针对家里或学校某处的屋顶天台进行植物造景设计。制作设计文本，分别利用CAD、SU、PS等完成绿化总平面图和部分节点效果图。

📖 知识准备

在德国、日本、新加坡等发达国家，屋顶绿化已很普遍。我国的屋顶绿化经过多年的实践，已在上海、深圳、厦门、广州、杭州等城市成功开展，取得了一定的景观和生态效果。随着人们对城市绿化认识的提高和城市绿化用地不足，垂直绿化与屋顶绿化显得越来越重要。城市发展需要寻求新的绿化途径，建筑技术水平提高，提供了质量可靠的屋顶。绿化技术水平的提高（如海纳尔技术），使得屋顶绿化荷载减轻、造价降低、技术简便、效益明显，从而大受欢迎。目前，屋顶绿化迅速发展。

一、屋顶花园的概念及类型

（一）屋顶花园的概念

屋顶花园是指在各类建筑物的顶部（包括屋顶、楼顶、露台或阳台）栽植花草树木，建造各种园林小品所形成的绿地。

广义的屋顶包括建筑物、构筑物、立交桥、露台、阳台、天台、假山等的顶部。屋顶花园示例如图4-2-1至图4-2-4所示。

图4-2-1 高层建筑顶部屋顶花园

图4-2-2 小建筑简约屋顶绿化

图4-2-3 酒店外阳光餐厅

图4-2-4 私人屋顶花园

（二）屋顶花园绿化类型

1. 按使用要求区分

公共游憩型、营利型、家庭型、绿化和科研生产型等。

2. 按绿化形式区分

（1）成片状种植。又可分为地毯式、自由式、苗圃式。

（2）分散和周边式。沿屋顶四周修筑花台或摆设花盆绿化，中间部分供室外活动或休息用。

（3）庭院式。利用山水花木和园林小品来组景，设置休息桌凳，修建一些传统的建筑小品，如亭、廊、景墙、瀑布等，栽植花木，营造出以小见大、意境悠远的庭院效果。

（三）屋顶绿化的意义

伴随着我国城市建设的发展，大中型城市有进一步高密度化和高层化的发展趋势，城市绿地越来越少，高层建筑的大量涌现，人们的工作与生活环境越来越拥挤。在这种情况下，为了尽可能增加工作与生活区域的绿化面积，满足城市居民对绿地的向往及对户外生活的渴望，提高工作效率，改善生活环境，在多层或高层建筑中利用屋顶、阳台或其他空间进行绿化，是一项非常有意义的事情。屋顶绿化的意义包括如下几个方面：

1. 改善生态环境

生态屋顶有助于降低气温和增加四周的空气湿度，使周边环境舒适宜人。植物蒸腾、遮阴与反射，形成屋顶隔热层，使顶层建筑的室内环境冬暖夏凉。

2. 美化城市景观

屋顶绿化，建设宜居城市。

3. 洁净空气

屋顶植物有助于过滤空气中的颗粒物，吸收硫酸盐、硝酸盐及其他有害物质。

4. 降低噪声

反射、吸收噪声，改善隔音效果。

5. 动植物的栖息地

生态屋顶使得动植物有机会在人烟稠密的市区存在。

6. 拓展人居空间

增加休憩或活动空间，亲近自然。

二、屋顶花园的环境特点

（1）光照强，日照充足。

（2）温度高。阳光直射强烈，夏季温度较高。

（3）温差大。白天温度高，晚上温度低，昼夜温差大。

（4）风大。屋顶处于高处，风量大。

（5）水分少。无地气连接，水分少。

（6）蒸发量大。因阳光暴晒，风大，土壤水分蒸发量大，需要及时补水。

（7）无土或少土。无土或土层薄，少土，如图4-2-5所示。

（8）承载力有限。

图4-2-5　一般屋顶土层薄及水分少

三、屋顶绿化的荷载

屋顶绿化的设计总荷载量要控制在建筑物的安全荷载量内。屋顶绿化荷载包括静荷载和活荷载，建筑物屋顶承受的绿化荷载不得大于设计要求，当超过200kN/m²时，应请具有相应资质的检测单位对屋顶承重结构的强度、刚度和稳定性进行安全验算。

1. 静荷载

静荷载一般包括种植土层、过滤层、排水层、蓄水层、保温隔热层及山石建筑小品、水体、风雨雪给建筑物增加的荷载量等。一般钢筋混凝土结构的屋顶铺上25~35cm厚的土层，与普通植物重量叠加产生的荷载应不大于200kN/m²。若建筑物屋顶承受压力超过限定值，则可选用地毯形式的屋顶绿化模式。花园式屋顶绿化（群落式）对屋顶的荷载要求较高，一般为400kN/m²以上，土层厚度为30~50cm。

2. 活荷载

施工作业人员、材料和机械的活动给建筑物增加的荷载量、长成的植物重量增加等。

四、屋顶花园植物造景原则

1. 实用原则

屋顶园林除满足不同的使用要求外，应以绿色植物为主，创造出多种环境气氛，以精品园林、小景新颖多变的布局，达到生态效益、环境效益和经济效益的结合。衡量一座屋顶花园的质量，除了满足不同使用要求外，绿化覆盖率指标必须保证50%~70%。如图4-2-6和图4-2-7所示分别为不实用的屋顶花园设计和缺乏游憩设施的屋顶绿化。

2. 安全原则

要综合考虑结构承重安全、屋顶防水结构安全和屋顶四周防护安全等，同时还要考虑植物的防水、抗风等问题。

图4-2-6　不实用的屋顶花园设计

图4-2-7　缺乏游憩设施的屋顶绿化

3. 精美原则

既要与主体建筑物及周围大环境协调一致，又要有独特新颖的园林风格。在施工管理和选用材料上应处处精心。

五、屋顶花园植物选择与配置

以突出生态效益和景观效益，根据不同植物对基质厚度的要求，通过适当的微地形处理或种植池栽植进行绿化。种植耐旱、耐移栽、生命力强、抗风力强、外形较低矮的植物。

1. 植物材料的选择

宜选用植株矮、根系浅的植物，因为高大的乔木树冠大，而屋顶上的风力大、土层太薄，容易被风吹倒；若加厚土层，会增加重量。而且乔木发达的根系往往还会深扎防水层而造成渗漏。因此，屋顶花园一般应选用低矮、根系较浅、耐旱、耐寒、耐瘠薄的植物。植物选择总体原则：

（1）大乔木少用、慎用，小乔木作为孤赏树可适当点缀。一般用草坪、地被、灌木、藤本植物较多，如图4-2-8所示。

（2）耐干旱和耐寒冷，如图4-2-9和图4-2-10所示。

（3）阳性、耐贫瘠、浅根性。

（4）抗风、抗倒伏力强。

（5）易成活、耐修剪、生长速度较慢，如图4-2-11所示。

（6）尽量选用乡土植物，适当采用外来品种。

不同类别植物选择：

（1）园景树。小乔木，可选择观花、观果或观形树，如桂花、红叶李、紫薇、鸡蛋花、石榴、罗汉松、佛肚竹等。

（2）灌木。可选择观形、观花或观果灌木。如月季、山茶、含笑、米兰、九里香、大红花、黄杨、杜鹃类、琴叶珊瑚、栀子、硬枝黄婵等。

图4-2-8 屋顶廊架可选择藤本植物

图4-2-9 选择耐干旱的多肉多浆植物

图4-2-10 选择耐旱易成活的观赏草

图4-2-11 选择易活、耐修剪、生长慢的植物

（3）地被植物。草本植物如美人蕉、矮牵牛、凤仙花、丛生福禄考、红花酢浆草、麦冬、吊兰、景天科类（佛甲草等）、台湾草、马尼拉、狗牙根等。蕨类植物如凤尾蕨、肾蕨、巢蕨等。

（4）藤木。可用紫藤、凌霄、络石、爬山虎、金银花、使君子、炮仗花、蒜香藤、软枝黄婵、大花老鸦嘴、百香果、葡萄等。

（5）绿篱。红绒球、灰莉、海桐、福建茶、假连翘、九里香、簕杜鹃、红果仔、小叶女贞、花叶鹅掌柴、变叶木、细叶棕竹、金脉爵床等。

（6）果树和蔬菜。选用矮化苹果、金橘、草莓、青瓜、青椒等。

（7）抗污染树种。木槿、女贞等。

2. 植物配置形式

屋顶花园常用植物造景设计形式有以下几种：

（1）乔木、灌木的孤植、丛植。

（2）花坛、花台设计。

（3）花境和草坪。

（4）配景。多选用植株低矮、株形紧凑、开花繁茂、色系丰富、花期较长的种类。

案例分享——岭南股份上海总部办公大楼屋顶绿化

岭南股份上海总部办公大楼屋顶绿化如图4-2-12至图4-2-46所示。

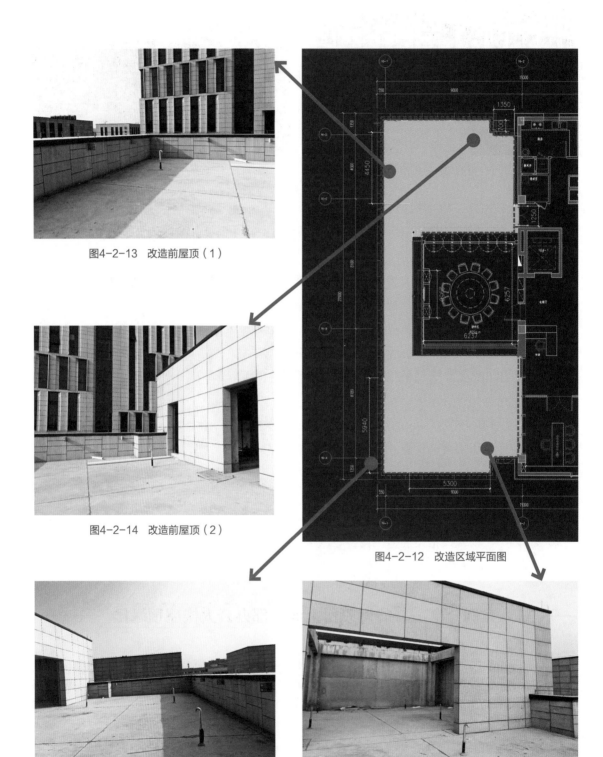

图4-2-13　改造前屋顶（1）

图4-2-14　改造前屋顶（2）

图4-2-12　改造区域平面图

图4-2-15　改造前屋顶（3）

图4-2-16　改造前屋顶（4）

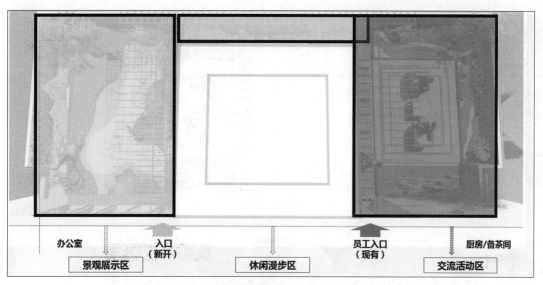

图4-2-17　功能分区图

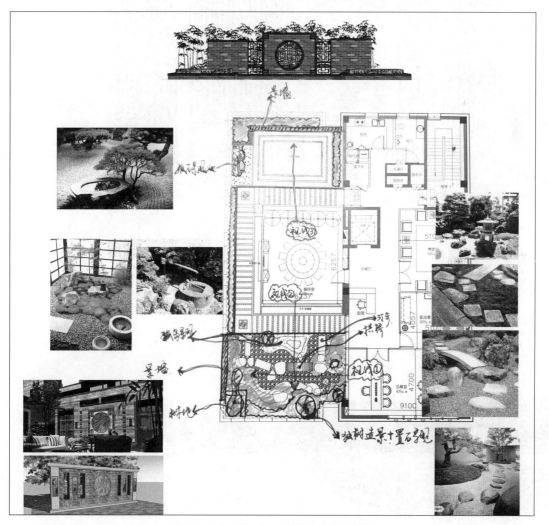

图4-2-18　屋顶花园方案初步设计示意图

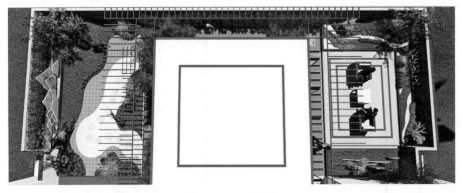

图4-2-19 平面图

图4-2-20 效果图（1）

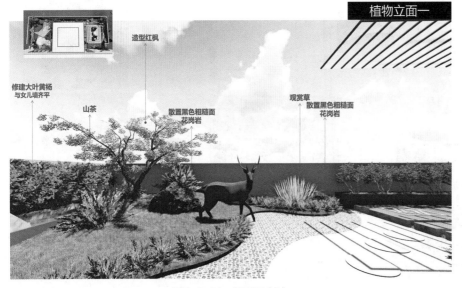

图4-2-21 效果图（2）

图4-2-22 效果图（3）

图4-2-23 效果图（4）

图4-2-24 效果图（5）

图4-2-25　效果图（6）

图4-2-26　效果图（7）

图4-2-27　效果图（8）

图4-2-28　效果图（9）

图4-2-29　效果图（10）

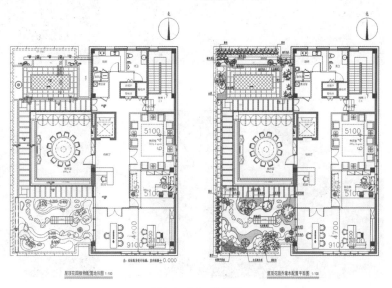

图4-2-30　施工图

图4-2-31　场地修整并放线

图4-2-32　建筑防排水、灯具管线及景观墙施工

图4-2-33　地形调整并栽植主要乔木

图4-2-34　景观小品和置石施工（1）

图4-2-35　景观小品和置石施工（2）

图4-2-36　地被和花灌木施工

图4-2-37　建成后的实景效果（1）

图4-2-38　建成后的实景效果（2）

图4-3-39　建成后的实景效果（3）

图4-2-40　建成后的实景效果（4）

图4-2-41　建成后的实景效果（5）

图4-2-42　建成后的实景效果（6）

图4-2-43　建成后的实景效果（7）

图4-2-44　建成后的实景效果（8）

图4-2-45　建成后的实景效果（9）

图4-2-46　建成后的实景效果（10）

任务实施

根据屋顶花园应遵循实用、安全、美观的原则，设计时应本着"以人为本"，充分考虑人的多维感觉，体现绿色生态的现代化要求。实训操作要求布局合理，植物符合屋顶生态，建筑小品考虑屋顶承重量。

（1）完成设计说明。

（2）完成屋顶花园功能分区、植物配置表。

（3）电脑建模并完成平面效果图。

（4）局部植物组团效果图或鸟瞰图。

（5）制作设计文本。

实操考核

考核内容和考核方法见下表：

序号	评分项目	评分标准	分值	得分
1	设计说明	能结合环境特点，说清设计理念、设计依据等，符合设计规范	5	
2	总平面图	图面设计美观大方，功能布局合理，能够准确地表达设计构思，符合制图规范	20	
3	植物配置说明	植物选择正确，种类丰富，配置经济、合理，植物景观主题突出，季相分明，易于维护。有苗木清单表（品种、规格、数量）、详细的植物配置大样图、季相分析图、植物小气候分析图等	35	
4	节点效果图	图形制作规范，图面设计美观大方，图纸完整	25	
5	鸟瞰图	图形制作规范，景观序列合理展开，景观丰富，图面设计美观大方	15	

任务三　小游园植物造景设计与实践　　_ ⊡ ×

🗐 知识要求

1. 列举小游园的主要位置及特点。
2. 解析小游园的植物造景原则。

📐 技能要求

1. 在规定时间里按要求会做小游园的植物造景方案设计。
2. 能够做出小型植物组团的景观设计效果图。
3. 能够进行五重立体绿化草图绘制，并说明每一层植物的高度以及形体、色彩搭配理由。

⸢⸣ 能力与素养要求

1. 设计中要具备创新精神，形成自己的设计风格。
2. 具有良好的现场解读和方案规划能力。
3. 小游园植物造景中要设计合理通道，方便残障人士游园，运用香花等植物服务盲人朋友，以人为本，关爱特殊人群。

✐ 工作任务

学校教工宿舍或某区域小游园植物造景设计。制作设计文本，分别利用CAD、SU、PS等完成绿化总平面图和部分节点效果图。

📖 知识准备

城市园林绿地一般有公共绿地、居住区绿地、道路交通绿地、单位附属绿地、生产防护绿地和风景林地等类型。小游园也叫游憩小绿地，是供人们休息、交流、锻炼、夏日纳凉及进行一些小型文化娱乐活动的场所，是城市公共绿地的重要组成部分。

小游园主要分布在居住区里面和街头绿地之中，设计以植物景观为主，适当布置游憩设施、园林小品等硬质景观。

一、小游园的位置、功能与特点

1. 小游园的位置

小游园常布置在以下几种绿地中：居住小区绿地、街道绿地以及工厂、学校、机关等专用绿地。

2. 小游园的功能

小游园面积相对较小，功能也较简单，为居民就近使用，提供茶余饭后活动休息的场所。它的主要服务对象是老人和儿童，内部可设置较为简单的游憩、文体设施，如儿童游戏设施、健身场地、休息场地、小型多功能运动场地、树木花草、铺装地面、凉亭、花架、桌、凳等，满足附近居民游戏、休息、散步、运动、健身等需求。

（1）丰富生活。是居民户外活动的载体，能进行运动、游戏、散步和休息等活动。

（2）美化环境。小游园对建筑、设施等能够起到衬托、显露或遮隐的作用，美化居住环境。

（3）改善小气候。绿化使相对湿度增加，降低夏季气温，也能降低大风的风速。

（4）保护环境卫生。绿化能够净化空气，吸附尘埃和有害气体，降低噪声。

3. 小游园的特点

小游园面积较小，内容较为简单，但使用率高，一般要求有适合的地形、园林装饰小品、休息设施、铺装场地、活动设施、草地及植物景观等。

二、小游园的功能分区

小游园的面积和规模虽不如中心公园大，设计同样应该从功能和景观分区进行规划，设计要做到先整体后局部、先全面后深化的顺序。可采取分割、渗透的手法来组织空间。

（1）绿化空间的分割要满足居民在绿地中活动时的感受和需求。当人处于静止状态时，空间中的封闭部分给人以隐蔽、宁静、安全的感受，便于休憩。开敞部分能增强人们交往的生活气息。当人在流动时，分割的空间可起到遮挡视线的作用。通过空间分割可创造人所需的空间尺度，丰富视觉景观，形成远、中、近多层次的纵深空间，获得园中园、景中景的效果。

（2）空间的渗透、联系同空间的分割是相辅相成的。单纯分割而没有渗透、联系的空间令人感到局促和压抑，通过向相邻空间的扩展、延伸，可产生层次变化。

三、小游园植物造景的原则

小游园植物景观设计应根据当地气候条件、周边环境、园内立地条件综合规划，应做到充分绿化和满足游憩活动及审美的要求。城市中的小游园贵在自然，最好能使人从嘈杂的城市环境中脱离出来。同时，园景也宜充满生活气息，有利于逗留休息。另外，要发挥艺术手段，将人带入设定的情境中，做到自然性、生活性、艺术性相结合。

（1）以植物造景为主。设计应以植物景观为主，绿化覆盖率在50%以上，适当布置游憩设施、园林小品等硬质景观，注重与其他要素配合，如图4-3-1所示。

（2）小中见大，利用各种形式的隔断构成园中园。提高绿化覆盖率，丰富空间和景观层次，利用地形、道路、植物、小品分隔空间。此外，也可利用各种形式的隔断构成园中园，如图4-3-2所示。

（3）动静分区，满足不同人群活动的要求。设计小游园时要考虑到动静分区，注意活动区的公共性和安静区的私密性。在空间处理上要注意动观与静观、群游与独处兼顾，使游人找到自己所需要的空间类型，如图4-3-3所示。

（4）小品以小巧取胜。布置景观小品，增强小游园的景观趣味性。道路、铺地、坐凳、栏杆的数量与体量要控制在满足游人活动的基本尺度要求之内，使游人产生亲切感，同时扩大空间感，如图4-3-4和图4-3-5所示。

图4-3-1　街头小游园一角

图4-3-2　因地制宜，充分利用自然地形

图4-3-3　小游园场地的动静分区

图4-3-4　小游园内的趣味小品

图4-3-5　小游园的墙边创意垂直绿化

四、小游园植物选择与配置

为在较小的绿地空间取得较多功能与活动场地，而又不减少绿植量，植物种植要以乔、灌、藤、草及地被植物结合，适当增加宿根花卉种类布置。植物配置与环境结合，合理规划布局，不留裸露土地，为人们休息、游玩创造良好的条件。小游园植物景观如图4-3-6至图4-3-11所示。

在小游园设置一定的服务和活动设施，选择有林荫的地方布置活动场所，安排一些简单的体育健身设施，如单杠、压腿杠等，满足健身和活动功能。

图4-3-6　街头小游园中的特色植物景观

图4-3-7　下沉式游园

图4-3-8　街头游园

图4-3-9　儿童活动区

图4-3-10　大树下设置休息设施

图4-3-11　小游园内休憩场地

1. 配置形式

小游园绿地多采用自然式布置形式。自然式布置可以创造自由、活泼而别致的自然环境，使植物在层次上有变化，有景深，有阴面和阳面，有抑扬顿挫之感。通过曲折流畅的弧线形道路，结合地形起伏变化，在有限的用地中取得理想的景观效果。

2. 植物选择要点

（1）严格选择基调树种。考虑基调树种时，除注意其色彩和形态美外，其姿态与周围的环境气氛相协调。

（2）应考虑生态群落、景观的稳定性和长远性。考虑景观的稳定性及生态群落的需要，需常绿与落叶、乔木与灌木、速生与慢生、重点与一般结合，如图4-3-12所示。

图4-3-12 考虑自然生态群落

（3）重点选择乡土树种，结合优秀外来树种。

（4）选择落果少、无飞絮、无刺、无毒、无刺激性的植物。

（5）选择观赏期长的宿根地被花卉，适当配置芳香植物。

3. 小游园植物配置要点

（1）种植形式要多种多样。可多采用孤植、对植、丛植、群植等多种类型，丰富景观类型。

（2）利用植物形成不同类型空间。因地制宜，充分利用自然地形，尽量保留原有绿化。结合地形起伏变化，利用植物进行或遮或挡，形成曲折多变的空间，达到曲径通幽的景观效果。

（3）利用三维绿量丰富空间层次。小游园面积小，可适当增加植物数量和层次，营造优良生态环境，利用乔、灌、草结合，形成三维绿量，乔木下配置耐荫树种，园路边进行植物组团设计，开花灌木与地被结合等。

（4）增加垂直绿化。可适当增加垂直绿化的应用，选择攀缘植物，绿化建筑墙面、围栏等，提升小游园立体绿化效果。

（5）适当设置花坛、花境、花架等形式，增强装饰。在小游园因地制宜设置花坛、花境、花台、花架、花钵等植物应用形式，增强装饰效果和实用功能。

（6）充分考虑植物的形态、色彩、季相、意境等，形成四季景观。采用常绿树与落叶树结合，乔、灌、花、篱、草相映成景，形成春有花、夏有荫、秋有果、冬有绿的四季景观，丰富、美化居住环境。

（7）选用不同香型的植物，给人独特的嗅觉感受。可以选择的植物如桂花、广玉兰、栀子花、含笑、米仔兰、九里香及其他香型草花植物。

案例分析——东莞东城文化中心的植物造景设计

1. 简介

东城文化中心景观工程位于东莞市东城区，占地4万多平方米，是一个集休闲、娱乐、康体等功能于一体的综合性城市游园。项目自2013年5月完工以来，不但成为当地市民休闲娱乐的重要场所，还获得了2015年中国风景园林学会"优秀园林工程奖"金奖。在喧闹的城市中，这片岭南风情的绿地成为人们接近自然、放松身心的街头绿地公园。

2. 设计理念

传承岭南园林精髓，秉持自然式景观设计理念，通过对场所的功能划分，利用植物的巧妙配置，重组空间布局，局部配以精致的现代设计元素，创新设计手法，打造自然风格与文化元素相结合的岭南风情城市庭院。

3. 功能分区

为满足游客不同的需求，设计师将项目划分为五个部分，打造了不同的特色空间，以小桥流水作为景观主线串联，空间上则采取层次、景观的相互转化。通过开朗与密闭空间的交替搭配，开敞水面与清泉细流的融合，营造了一处远离喧嚣、步移景异的效果。

①入口景观：中央开阔的湖面构成了东城文化中心的主体水景，曲折的黄石驳岸中配以观景平台，在平台对景处布置有屏风、茶室或亭廊等古典韵味元素，后方配置以丰富的景观组团背景。在游览过程中，不仅能观赏水体景观；当驻足平台休憩时，开阔湖面——景观小品——植物景观，也营造了丰富的景观层次。

②水景：假山瀑布、溪流、水池、跌水等动静结合。水流起始于溪流上方的水池，池水泵入假山形成瀑布，池水缓缓流入溪流之中，经过石缝潺潺流出，最后打落在高低错乱的置石之上。这种动与静、光与声的搭配相互衬托，惟妙惟肖，精妙绝伦。

③园路：巧妙地利用原有高程，配合植物丰富竖向景观，强化园路微地形景观效果。园路形式上曲折多变，变化自然。

4. 植物设计

整个项目中，在植物选择上，以樟树、尖叶杜英高大乔木为骨架树种，配植以桂花、羊蹄甲、鸡蛋花等一系列观花植物，以保证项目中四季有景、三季有花。同时，园区的局部还种植了红花玉蕊、美丽异木棉、蓝花楹等名贵树种作为点缀，起到画龙点睛的作用。

配合园路的蜿蜒起伏和景观空间的变化，项目中的植物采取了孤植、对植、群植等多种配置方式，使游客的视线在园区的各个空间时而开阔，时而收紧。为了增强游客的参与性，园区中设计了大片的疏林草地，提供了聚集和休闲的空间，也体现了植物设计的实用功能。此项目相关图例展示如图4-3-13至图4-3-40所示。

图4-3-13 鸟瞰图

图4-3-14 总平面图

图4-3-15 交通分析

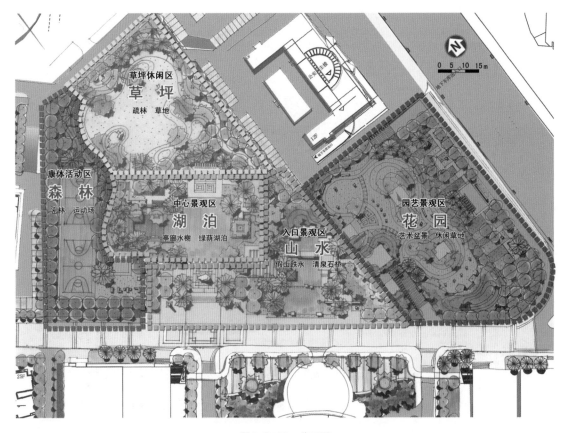

图4-3-16 分区图

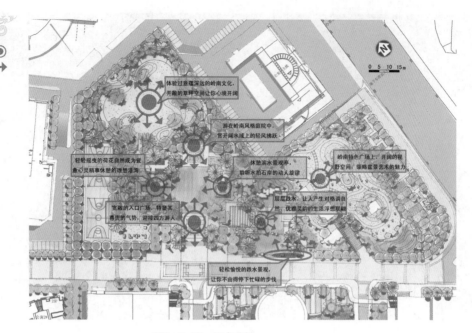

图4-3-17　视点分析

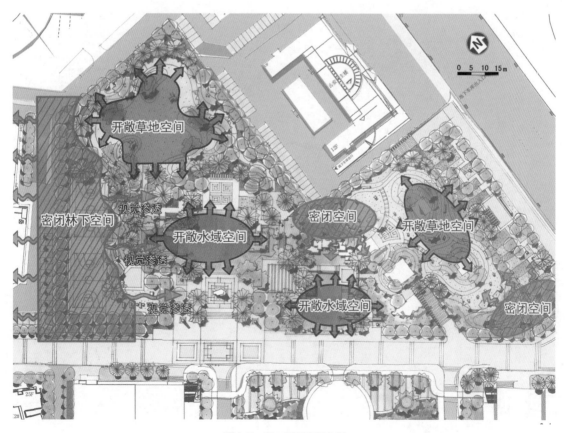

图4-3-18　景观空间分析

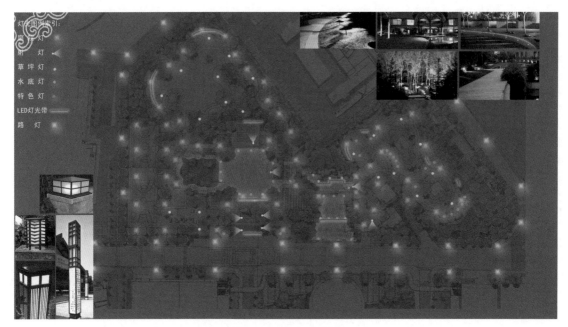

图4-3-19　灯光照明设计

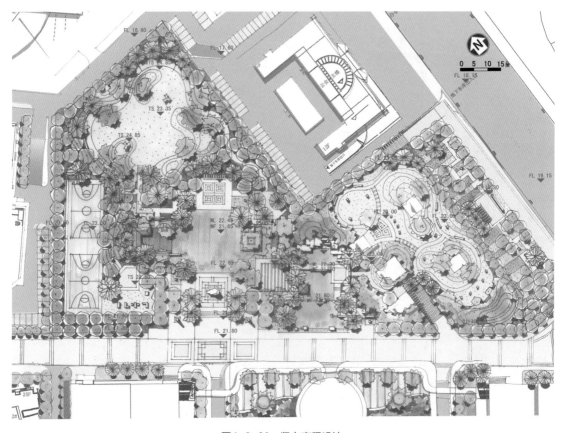

图4-3-20　竖向高程设计

图4-3-21　入口景观区效果图（1）

图4-3-22　入口景观区效果图（2）

图4-3-23　中心景观区效果图（1）

图4-3-24　中心景观区效果图（2）

图4-3-25　中心景观区效果图（3）

图4-3-26　中心景观区效果图（4）

图4-3-27　草坪景观区效果图

图4-3-28　园艺景观区效果图

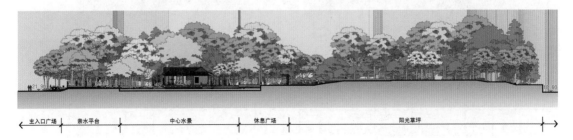

图4-3-29　剖面图（1）

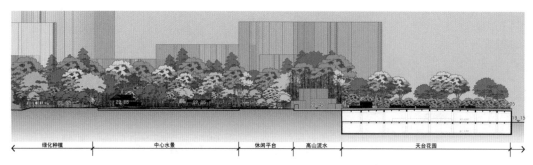

图4-3-30　剖面图（2）

图4-3-31　剖面图（3）

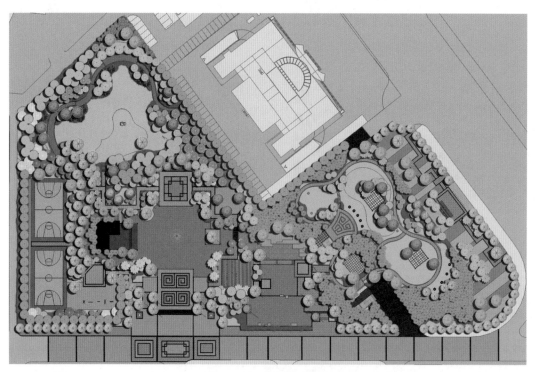

图4-3-32　绿化总平面图

图4-3-33　总体布局

图4-3-34　局部航拍图（1）

图4-3-35 局部航拍图（2）

图4-3-36 局部航拍图（3）

图4-3-37 疏密有致的植物空间围合

图4-3-38 园林四要素——山石、建筑、水体、植物

图4-3-39 假山瀑布

图4-3-40 植物空间的进退变化

知识拓展——龙湖地产的五重绿化

　　龙湖地产的"五重"园林景观独具特色。在景观工程师360°景观定位下，龙湖地产建立独特的"五重景观体系"。龙湖项目在高乔木、中乔木、高灌木、低灌木以及近地花卉和草木的掩映下，呈现出高低错落的五重景观，在不同色彩的树木和花卉的映衬下，人们可以从不同角度感受到成熟、丰富、精致和四季变幻的园林景观效果。

　　第一重：大乔木，高7～15m，冠幅5～10m。

　　第二重：小乔木、大灌木，高4～6m。

　　第三重：2～3m高的灌木。

　　第四重：花卉、小灌木。

　　第五重：草坪、地被等。

　　在龙湖地产的工程实践中，所涉及的苗木形态主要有以下几种（图4-3-41），典型植物组团的种植就是在这些形态的基础上配植产生的五重绿化配置模式如图4-3-42所示。

　　（1）圆冠阔叶大乔木。如法桐、元宝枫、国槐、白蜡等。

　　（2）高冠阔叶大乔木。如毛白杨、新疆杨等。

　　（3）高塔型常绿乔木。如桧柏、铅笔柏、大云杉等。

　　（4）圆冠型常绿乔木。如油松、白皮松等。

　　（5）低矮塔型常绿乔木。如小云杉（2～3m）、翠柏球等。

　　（6）小乔木。如紫叶李、玉兰等。

　　（7）竖型花灌木。如紫玉兰、木槿等。

　　（8）团型花灌木。如榆叶梅、碧桃、紫薇、金银木等。

　　（9）球类常绿灌木。如大叶黄杨球、金叶女贞球、红叶小檗球、凤尾兰等。

　　（10）可密植成片灌木。如棣棠、迎春、锦带等。

　　（11）修剪色带。如修剪大叶黄杨、金叶女贞、红叶小檗等。

第一层：高7～8m，胸径20cm的大乔木勾勒天际。

第二层：高4～5m的小乔木，大灌木增加层次。

第三层：
2～3m高的小花灌。

第四层：花卉、小灌木，丰富层次。

第五层：草坪、地被，供人近赏。

图4-3-41　龙湖地产植物五重绿化配置实景分析

图4-3-42　龙湖地产植物五重绿化配置模式
1—圆冠阔叶大乔木　2—高冠阔叶大乔木　3—高塔型常绿乔木　4—低矮塔型常绿乔木　5—圆冠型常绿乔木
6—球类常绿灌木　7—修剪常绿灌木　8—小乔木　9—竖型花灌木　10—团型花灌木
11—可密植成片的灌木　12—普通花卉型地被　13—长叶型地被

（12）花卉型地被。如菊类、福禄考、景天、鼠尾草等。

（13）叶型地被。如鸢尾、萱草、玉带草、狼尾草、芒类等。

二、龙湖地产的园林风格

在环境设计上，龙湖讲究"植物是建筑的外立面"，为了让业主入住时即可拥有成熟、丰富、精致的园林景观，而无须长年等待，龙湖采用了项目未动园林先行、全冠移植等多种技术手法，呈现"成熟园林"。

（1）项目未动，园林先行。

（2）全冠移植。保证植物保持原汁原味的生长形态，如图4-3-43所示。

（3）高覆盖的立体绿化。龙湖的绿化理念要求硬质铺地的平面占比在20%以下，使每个社区满眼都是绿色。龙湖的项目大多采用彻底的人车分流，机动车进入社区后直接入库，这样减少了地面的道路面积，保证高绿化覆盖率，如图4-3-44所示。同时，在龙湖社区内，可以看到墙上、栏杆上都有花草覆盖，或悬挂花盆、花篮，或种植爬藤植物。

（4）图画般的平面构图。绿化多采用曲线的平面构图方式，水系、花卉带、步行道都通过科学的弧度计算排布，特别在低密度项目尤为突出，如图4-3-45所示。

图4-3-43 全冠移植的精品苗木

图4-3-44 高覆盖的立体绿化

图4-3-45 龙湖地产部分节点鸟瞰

（5）色、香、味、形、声

①色：植物的选择配搭要考虑到四季有花，且夏天要清雅，冬天要鲜艳。

②香：植物搭配考虑景观具有香气，选择蜡梅、紫薇、桂花等香花植物。

③味：全冠移植保证了植物原汁原味的生长形态。

④形：龙湖严格要求成树树形要美，在运输时是全冠移植，有明显损坏就得退换，并及时跟踪成活率，甚至就植物的摆放角度也是360°审视，追求客户最佳的观赏效果，如图4-3-46所示。

⑤声：喷泉和跌水是龙湖项目景观内运用的重要小品，经常设置在社区入口、景观视线焦点等处，不仅是一处水景，而且能营造出水声，能听到"景观的声音"，如图4-3-47和图4-3-48所示。

（6）营造浪漫气息的主题园。龙湖的景观设计通常会利用项目周边自然环境设置森林走廊、森林河谷等景观概念的专属园林。在社区内部，布置香草丛林、薰衣草园等富有浪漫元素的主题园，主题园一般作为示范区的一部分提前展示，起到震撼的景观展示作用，如图4-3-49所示。

图4-3-46　通往样板间及销售中心的园路两旁的绿化

图4-3-47　入口的水景　　　　　　　　图4-3-48　水系旁的绿化配置

图4-3-49　小花海

（7）曲径通幽的景观小径。弯曲的景观小径也是龙湖景观的一大特色，小道两旁的鲜花都经过了精心布置。硬质铺装与周围景观和谐相融，曲径通幽，营造出独有的私密感和温馨感，如图4-3-50所示。

（8）贴合主题的情景化小品。龙湖的景观小品设置都经过了精心的设计和摆设，造型独具匠心，营造出很自然的情景化生活，如图4-3-51所示。

（9）无处不在的坛坛罐罐，如图4-3-52所示。

（10）严谨的景观细节，如图4-3-53所示。

图4-3-50 曲径通幽

图4-3-51 精致的情景化小品、设施

图4-3-52 无处不在的坛坛罐罐

图4-3-53　严谨的铺装细节及软硬搭配

（11）细心的园林维护。绿化部工作标准：草长不得超过10cm；每平方米杂草不得超过5株；根据整个社区的美感来规划每棵树未来的长势，从而选择不同的修剪手法，如图4-3-54所示。

图4-3-54　路旁修剪干净整齐的草坪和大树

任务实施

小游园设计应以植物景观为主，因地制宜，充分利用自然地形，小中见大，适当布置游憩设施、园林小品等硬质景观内容，体现功能、景观与生态作用。

（1）完成设计说明。

（2）完成绿化总平面图、植物配置表、季相分析图等。

（3）完成关键节点植物组团效果图。

（4）完成设计文本。

实操考核

考核内容和考核方法见下表：

序号	评分项目	评分标准	分值	得分
1	设计说明	能结合环境特点，说清设计理念、设计依据等，符合设计规范	5	
2	总平面图	图面设计美观大方，功能布局合理，能够准确地表达设计构思，符合制图规范	20	
3	植物配置说明	植物选择正确，种类丰富，配置经济、合理，植物景观主题突出，季相分明，易于维护。有苗木清单表（品种、规格、数量）、详细的植物配置大样图、季相分析图、植物小气候分析图等	35	
4	节点效果图	图形制作规范，图面设计美观大方，图纸完整	25	
5	鸟瞰图	图形制作规范，景观序列合理展开，景观丰富，图面设计美观大方	15	

附录 华南地区常用园林植物一览表

附表1 乔木类

序号	科类	品种名	序号	科类	品种名	序号	科类	品种名
1	银杏科	银杏	36	木兰科	石碌含笑	71	桃金娘科	番石榴
2	南洋杉科	南洋杉	37		缎子木兰	72		海南蒲桃
3		异叶南洋杉	38		观光木	73		水蒲桃
4	松科	雪松	39		焕镛木	74		红蒲桃
5		湿地松	40	番荔枝科	番荔枝	75		红胶木
6		马尾松	41		印度塔树	76		金蒲桃
7	杉科	杉木	42	樟科	阴香	77	使君子科	阿江榄仁
8		水松	43		樟树	78		细叶榄仁
9		水杉	44		黄樟	79		莫氏榄仁
10		池杉	45		潺槁树	80		千果榄仁
11		落羽杉	46		短序润楠	81	藤黄科	福木
12		墨西哥落羽杉	47	白花菜科	鱼木	82	杜英科	尖叶杜英
13	柏科	龙柏	48	辣木科	象脚木	83		水石榕
14		侧柏	49	酢浆草科	杨桃	84		猴欢喜
15		圆柏	50	千屈菜科	大叶紫薇	85	椴树科	蚬木
16	罗汉松科	竹柏	51	海桑科	八宝树	86		布渣叶
17		长叶竹柏	52	瑞香科	土沉香	87	梧桐科	长柄银叶树
18		鸡毛松	53	山龙眼科	银桦	88		翻白叶树
19		罗汉松	54		澳洲坚果	89		假苹婆
20		短叶罗汉松	55	五桠果科	第伦桃	90		苹婆
21	木兰科	鹅掌楸	56		大花第伦桃	91	木棉科	木棉
22		玉兰	57	红木科	红木	92		爪哇木棉
23		荷花玉兰	58	天料木科	红花天料木	93		美丽异木棉
24		二乔玉兰	59	山茶科	红皮糙果茶	94		马拉巴栗
25		香木莲	60		油茶	95	锦葵科	黄槿
26		木莲	61		木荷	96		石栗
27		滇桂木莲	62		厚皮香	97		五月茶
28		海南木莲	63	桃金娘科	串钱柳	98	大戟科	秋枫
29		马关木莲	64		水翁	99		土蜜树
30		毛桃木莲	65		柠檬桉	100		蝴蝶果
31		华盖木	66		隆缘桉	101		血桐
32		白兰	67		蓝桉	102		山乌桕
33		黄兰	68		大叶桉	103		乌桕
34		乐昌含笑	69		尾叶桉	104		油桐
35		醉香含笑	70		白千层	105		木油桐

续表

序号	科类	品种名	序号	科类	品种名	序号	科类	品种名
106	蔷薇科	枇杷	143	杨柳科	垂柳	180	楝科	麻楝
107		梅花	144		旱柳	181		毛麻楝
108		桃树	145	杨梅科	杨梅	182		非洲楝
109		豆梨	146	壳斗科	板栗	183		苦楝
110	含羞草科	大叶相思	147		麻栎	184		大叶桃花心木
111		台湾相思	148		青冈	185	无患子科	龙眼
112		马占相思	149	木麻黄科	木麻黄	186		复羽叶栾树
113		海红豆	150	榆科	朴树	187		荔枝
114		南洋楹	151		榔榆	188		红毛丹
115		合欢	152		面包树	189		无患子
116		亮叶猴耳环	153		树菠萝	190	槭树科	三角槭
117		大叶合欢	154	桑科	桂木	191		人面子
118		银合欢	155		构树	192		杧果
119	苏木科	红花羊蹄甲	156		柘树	193		扁桃
120		宫粉紫荆	157		高山榕	194	漆树科	黄连木
121		白花羊蹄甲	158		垂叶榕	195		盐肤木
122		羊蹄甲	159		斑叶垂榕	196		漆树
123		腊肠树	160		柳叶榕	197	胡桃科	枫杨
124		铁刀木	161		无花果	198	珙桐科	喜树
125		黄槐	162		美丽枕果榕	199	五加科	澳洲鸭脚木
126		凤凰木	163		橡胶榕	200		幌伞枫
127		格木	164		花叶橡胶榕	201	柿科	柿树
128		仪花	165		对叶榕	202	山榄科	蛋黄果
129		双翼豆	166		细叶榕	203		人心果
130		垂枝无忧树	167		花叶榕	204	木樨科	大叶女贞
131		中国无忧花	168		琴叶榕	205		桂花
132		酸豆	169		菩提榕	206	夹竹桃科	盆架子
133	蝶形花科	降香黄檀	170		笔管榕	207		糖胶树
134		龙牙花	171		黄葛榕	208		海杧果
135		鸡冠刺桐	172		桑树	209		红花鸡蛋花
136		刺桐	173	冬青科	铁冬青	210		鸡蛋花
137		金脉刺桐	174	芸香科	柚子	211	茜草科	黄梁木
138		海南红豆	175		柑橘	212	忍冬科	珊瑚树
139		印度紫檀	176		黄皮	213	紫草科	厚壳树
140	金缕梅科	枫香	177		楝叶吴茱萸	214	玄参科	泡桐
141		红花荷	178	苦木科	臭椿	215	紫葳科	猫尾木
142	悬铃木科	悬铃木	179	橄榄科	橄榄	216		蓝花楹

续表

序号	科类	品种名	序号	科类	品种名	序号	科类	品种名
217		吊瓜树	220		菜豆树	223	马鞭草科	柚木
218	紫葳科	叉叶木	221	紫葳科	火焰木			
219		海南菜豆	222		黄花风铃木			

附表2　灌木类

序号	科类	品种名	序号	科类	品种名	序号	科类	品种名
1	苏铁科	苏铁	32	野牡丹科	巴西野牡丹	63		月季
2	苏铁科	华南苏铁	33	金丝桃科	金丝桃	64	蔷薇科	蔷薇
3	泽米铁科	鳞秕泽米铁	34	梧桐科	非洲芙蓉	65		玫瑰
4		夜合花	35	木棉科	马拉巴栗	66	含羞草科	朱樱花
5	木兰科	木兰	36		风铃花	67	含羞草科	小朱缨花
6		含笑	37		木芙蓉	68		洋金凤
7		鹰爪花	38		朱槿（大红花）	69	苏木科	翅果决明
8	番荔枝科	假鹰爪	39	锦葵科	吊灯花	70	苏木科	双荚槐
9		紫玉盘	40		木槿	71		龙爪槐
10		肉桂	41		悬铃花	72	金缕梅科	红花檵木
11	樟科	阔叶十大功劳	42		冲天槿	73	黄杨科	匙叶黄杨
12	樟科	十大功劳	43	金虎尾科	金英树	74	黄杨科	黄杨
13		南天竹	44		小叶金虎尾	75	桑科	花叶垂榕
14	丁屈菜科	紫萼距花	45		红桑	76	桑科	黄金榕
15	丁屈菜科	紫薇（细叶紫薇）	46		沙漠玫瑰	77	冬青科	龟甲冬青
16	安石榴科	石榴	47		变叶木	78	冬青科	枸骨冬青
17	瑞香科	金边瑞香	48		雪花木	79	胡颓子科	胡颓子
18	瑞香科	结香	49		肖黄栌	80		佛手
19	紫茉莉科	红花勒杜鹃	50		虎刺梅	81	芸香科	九里香
20	海桐花科	海桐	51		大花虎刺梅	82		胡椒木
21	海桐花科	斑叶海桐	52	大戟科	一品红	83	楝科	四季米仔兰
22		茶花	53		光棍树	84	楝科	米仔兰
23	山茶科	金花茶	54		三角霸王鞭	85	槭树科	鸡爪槭
24		茶梅	55		红背桂	86		孔雀木
25		红千层	56		红叶麻风树	87		八角金盘
26		红果仔	57		琴叶珊瑚	88		圆叶南洋森
27	桃金娘科	黄金香柳	58		佛肚树	89	五加科	线叶南洋森
28		桃金娘	59		花叶木薯	90		银边南洋森
29		红枝蒲桃	60		贴梗海棠	91		鹅掌藤
30	野牡丹科	野牡丹	61	蔷薇科	火棘	92		花叶鸭脚木
31	野牡丹科	银毛野牡丹	62		春花	93		鸭脚木

续表

序号	科类	品种名	序号	科类	品种名	序号	科类	品种名
94	杜鹃花科	吊钟花	117	茜草科	龙船花	140	爵床科	金苞花
95		毛杜鹃	118		细叶龙船花	141		艳芦莉
96		杜鹃花	119		红龙船花	142		金脉爵床
97	紫金牛科	紫金牛	120		黄龙船花	143		硬枝老鸦嘴
98		东方紫金牛	121		红叶金花	144		虾子花
99	山矾科	神秘果	122		粉叶金花	145	马鞭草科	赪桐
100	马钱科	醉鱼草	123		玉叶金花	146		单瓣山茉莉
101		灰莉	124		五星花	147		假连翘
102	木樨科	云南黄素馨	125		九节	148		花叶假连翘
103		茉莉	126		六月雪	149		金叶假连翘
104		山指甲	127	紫草科	基及树	150		冬红
105		花叶女贞	128	茄科	大花鸳鸯茉莉	151		黄花马缨丹
106		尖叶木樨榄	129		鸳鸯茉莉	152		蔓马缨丹
107		四季桂	130		黄瓶子花	153	虎耳草科	绣球花
108		丹桂	131		曼陀罗	154	龙舌兰科	朱蕉
109	夹竹桃科	软枝黄蝉	132	紫葳科	炮仗竹	155		红边朱蕉
110		黄蝉	133		黄钟花	156		绿叶朱蕉
111		红花夹竹桃	134		硬骨凌霄	157		长花龙血树
112		黄花夹竹桃	135	爵床科	驳骨丹	158		马尾铁
113		狗牙花	136		黄鸟尾花	159		千年木
114	萝摩科	马利筋	137		可爱花	160		酒瓶兰
115	茜草科	栀子	138		银脉爵床	161		荷兰铁
116		希茉莉	139		红苞花	162	露兜树科	露兜

附表3 草木类

序号	科类	品种名	序号	科类	品种名	序号	科类	品种名
1	卷柏科	翠云草	12	水龙骨科	星蕨	23	石竹科	康乃馨
2	凤尾蕨科	银脉凤尾蕨	13		崖姜	24		石竹
3		半边旗	14	鹿角蕨科	二歧鹿角蕨	25	马齿苋科	树马齿苋
4	铁线蕨科	铁线蕨	15		鹿角蕨	26		太阳花
5	铁角蕨科	大鳞巢蕨	16	胡椒科	五彩椒草	27	苋科	红绿草
6		巢蕨	17		豆瓣绿	28		绿苋草
7	乌毛蕨科	乌毛蕨	18		假蒟	29		大叶红草
8		苏铁蕨	19	白花菜科	醉蝶花	30		凤尾鸡冠
9	实蕨科	华南实蕨	20	十字花科	羽叶甘蓝	31		千日红
10	骨碎补科	肾蕨	21	景天科	长寿花	32	酢浆草科	酢浆草
11	水龙骨科	江南星蕨	22	牻牛儿苗科	天竺葵	33	凤仙花科	新几内亚凤仙

续表

序号	科类	品种名	序号	科类	品种名	序号	科类	品种名
34	凤仙花科	何氏凤仙	71		一串蓝	108		银边山菅兰
35	秋海棠科	玫瑰海棠	72	唇形科	一串红	109		萱草
36		四季秋海棠	73		韩信草	110		百合
37		金琥	74		鸭跖草	111		土麦冬
38	仙人掌科	仙人掌	75	鸭跖草科	紫背万年青	112		银边沿阶草
39		蟹爪兰	76		吊竹梅	113		沿阶草
40	野牡丹科	铺地锦	77		粉菠萝	114		玉龙草
41	含羞草科	含羞草	78		斑叶艳凤梨	115		吉祥草
42	蝶形花科	花生藤	79		水塔花	116		万年青
43	荨麻科	冷水花	80	凤梨科	姬凤梨	117		油点草
44		蛤蟆草	81		橙红星	118		郁金香
45	夹竹桃科	长春花	82		彩叶凤梨	119		银后万年青
46		波斯菊	83		火炬凤梨	120		广东万年青
47		大丽花	84	芭蕉科	芭蕉	121	百合科	红掌
48		菊花	85		红花蕉	122		花叶芋
49		非洲菊	86		黄鸟蕉	123		玛丽安万年青
50		向日葵	87		红鸟蕉	124		花叶万年青
51	菊科	皇帝菊	88	旅人蕉科	旅人蕉	125		龟背竹
52		瓜叶菊	89		尼古拉鹤望兰	126		绿帝王
53		万寿菊	90		鹤望兰	127		红宝石
54		孔雀草	91		艳山姜	128		小天使
55		蟛蜞菊	92	姜科	花叶艳山姜	129		春羽
56		百日草	93		花叶美人蕉	130		花叶绿萝
57	报春花科	仙客来	94	美人蕉科	美人蕉	131		白掌
58		报春花	95		孔雀竹芋	132		绿巨人
59	半边莲科	半边莲	96		五彩竹芋	133		合果芋
60	茄科	矮牵牛	97	竹芋科	玫瑰竹芋	134		银叶合果芋
61	旋花科	番薯叶	98		天鹅绒竹芋	135		金钱树
62		金鱼草	99		紫背竹竽	136		君子兰
63	玄参科	蒲包花	100		芦荟	137		红花文殊兰
64		夏堇	101		天门冬	138	石蒜科	文殊兰
65	苦苣苔科	非洲紫罗兰	102		文竹	139		蜘蛛兰
66		大岩桐	103	百合科	蜘蛛抱蛋	140		风雨花
67	爵床科	网纹草	104		斑点蜘蛛抱蛋	141	鸢尾科	射干
68	马鞭草科	美女樱	105		花叶蜘蛛抱蛋	142		鸢尾
69	唇形科	彩叶草	106		金心吊兰	143	龙舌兰科	龙舌兰
70		薰衣草	107		山菅兰	144		金边龙舌兰

续表

序号	科类	品种名	序号	科类	品种名	序号	科类	品种名
145	龙舌兰科	银边龙舌兰	153	龙舌兰科	金边虎尾兰	161	兰科	卡特兰
146		剑麻	154	仙茅科	大叶仙茅	162		建兰
147		太阳神	155	禾本科	大叶油草	163		大花蕙兰
148		也门铁	156		狗牙根	164		墨兰
149		金心巴西铁	157		假俭草	165		石斛兰
150		黄边百合竹	158		马尼拉草	166		文心兰
151		万年麻	159		台湾草	167		蝴蝶兰
152		虎尾兰	160	兰科	竹叶兰	168		万带兰

附表4　藤本类

序号	科类	品种名	序号	科类	品种名	序号	科类	品种名
1	买麻藤科	买麻藤	10	桑科	薜荔	19	茄科	金杯藤
2	马兜铃科	马兜铃	11	葡萄科	锦屏藤	20	旋花科	块茎鱼黄草
3	蓼科	珊瑚藤	12		爬山虎	21		茑萝
4	西番莲科	西番莲	13		扁担藤	22	紫葳科	凌霄
5	葫芦科	蛇瓜	14		葡萄	23		炮仗花
6	使君子科	使君子	15	五加科	洋常春藤	24		蒜香藤
7	苏木科	首冠藤	16	夹竹桃科	红文藤	25	爵床科	美丽桢桐
8	蝶形花科	白花油麻藤	17		金香藤	26		红花龙吐珠
9		紫藤	18	忍冬科	金银花	27		大花老鸦嘴

附表5　竹类

序号	科类	品种名	序号	科类	品种名	序号	科类	品种名
1	禾本科	粉单竹	5	禾本科	观音竹	9	禾本科	紫竹
2		青丝黄竹	6		青皮竹	10		唐竹
3		小琴丝竹	7		佛肚竹	11		泰竹
4		凤尾竹	8		黄金间碧竹			

附表6　棕榈类

序号	科类	品种名	序号	科类	品种名	序号	科类	品种名
1	棕榈科	沼地棕	7	棕榈科	南椰	13	棕榈科	董棕
2		假槟榔	8		霸王棕	14		袖珍椰子
3		三药槟榔	9		扇叶糖棕	15		鱼尾椰子
4		散尾棕	10		布迪椰子	16		蝴蝶椰子
5		砂糖椰子	11		短穗鱼尾葵	17		散尾葵
6		鱼骨葵	12		鱼尾葵	18		琼棕

续表

序号	科类	品种名	序号	科类	品种名	序号	科类	品种名
19		小琼棕	30		红棕榈	41		奇异皱籽棕
20		老人棕	31		黄棕榈	42		国王椰子
21		椰子	32		圆叶轴榈	43		棕竹
22		金棕	33		蒲葵	44		金山棕
23		鳞皮金棕	34		圆叶蒲葵	45		大王椰子
24	棕榈科	三角椰子	35	棕榈科	圣诞椰子	46	棕榈科	墨西哥箸棕
25		红颈三角椰	36		加拿利海枣	47		箸棕
26		油棕	37		海枣	48		金山葵
27		酒瓶椰子	38		美丽针葵	49		棕榈
28		棍棒椰子	39		银海枣	50		老人葵
29		蓝脉葵	40		夏威夷椰子	51		狐尾椰子

附表7　水生植物类

序号	科类	品种名	序号	科类	品种名	序号	科类	品种名
1	木贼科	木贼	13	美人蕉科	水生美人蕉	25		芦竹
2		荷花	14	竹芋科	再力花	26	禾本科	薏苡
3	睡莲科	萍蓬草	15		凤眼莲	27		象草
4		睡莲	16	雨久花科	海寿花	28		芦苇
5		王莲	17		梭鱼草	29		旱伞草
6	菱科	菱角	18		菖蒲	30		畦畔莎草
7	小二仙草科	狐尾藻	19	天南星科	海芋	31		纸莎草
8	伞形科	香菇草	20		水刺芋	32	莎草科	荸荠
9	龙胆科	莕菜	21		大薸	33		白鹭草
10	泽泻科	大花皇冠	22	香蒲科	香蒲	34		水葱
11		冠果草	23	石蒜科	水仙	35		水罂粟
12		慈姑	24	鸢尾科	鸢尾			

参考文献

［1］程倩，刘俊娟. 园林植物造景[M]. 北京：机械工业出版社，2015.

［2］杨丽琼. 园林植物景观设计[M]. 北京：机械工业出版社，2017.

［3］李耀健. 园林植物景观设计[M]. 北京：科学出版社，2013.

［4］宁妍妍. 园林植物造景[M]. 重庆：重庆大学出版社，2014.

［5］刘雪梅. 园林植物景观设计[M]. 武汉：华中科技大学出版社，2014.

［6］朱红霞. 园林植物景观设计[M]. 北京：中国林业出版社，2013.

［7］何桥. 植物配置与造景技术[M]. 北京：化学工业出版社，2015.

［8］李琴. 景观植物配置设计[M]. 北京：化学工业出版社，2015.